ANIMAUX HOMOS

Bibliothèque Albin Michel Sciences

Fleur Daugey

ANIMAUX HOMOS

Histoire naturelle de l'homosexualité

Albin Michel

Collection « Bibliothèque Albin Michel Sciences »
dirigée par François Bouvier

À mes parents, à ma sœur.

À toutes les victimes de l'ignorance
et de l'homophobie.

Avant-propos

EN 2017, au moment où j'écris ces lignes, vingt-deux États dans le monde autorisent le mariage entre personnes de même sexe. La reconnaissance de cette égalité de droits entre personnes gays, lesbiennes, bisexuelles, transgenres, transsexuelles et hétérosexuelles peut sembler une évidence pour beaucoup. Pourtant, elle reste une exception. Les personnes non hétérosexuelles font encore face à des discriminations, à du harcèlement scolaire et à des agressions verbales et physiques dans de nombreux pays. Certains États ne considèrent pas seulement l'homosexualité comme un tabou ou un sujet de raillerie, mais ils la criminalisent également lourdement.

J'ai moi-même fait face à la question de la légalité de mes propos sur le sujet de l'homosexualité en exerçant mon métier d'écrivaine. J'écris, en effet, principalement à destination de la jeunesse, des albums documentaires et des scénarios de bande dessinée qui racontent et expliquent la vie des animaux, des plantes et de la nature en général. L'un de mes livres s'intitule

La vie amoureuse des animaux[1]. J'y explique notamment à quoi sert la sexualité dans la nature, comment les animaux se séduisent, se reproduisent et s'occupent de leurs petits. L'un des objectifs de cet ouvrage est de permettre aux jeunes lecteurs de dépasser le stéréotype courant sur les animaux selon lequel les mâles seraient des séducteurs, tandis que les femelles s'occuperaient patiemment de leurs petits. Car la nature est bien plus complexe, variée et inventive que cela, et l'on trouve aussi des femelles séductrices et des papas poules.

Je suis souvent invitée en France et à l'étranger pour animer des rencontres auprès d'enfants autour de mes livres, lors de festivals et de salons. Après la sortie de *La vie amoureuse des animaux*, j'ai été accueillie au Maroc, pays dans lequel l'homosexualité est considérée comme un crime passible de prison. Après avoir réfléchi et discuté avec les personnes en charge de la manifestation, nous avons décidé de passer cette question sous silence, car le sujet était trop sensible pour être présenté dans ce pays. De plus, nous nous exposions peut-être à des sanctions judiciaires en affirmant que l'homosexualité existe dans la nature quand le code pénal du pays punit de prison et d'amende « les actes licencieux ou *contre nature* avec un individu du même sexe ». Dans certains pays comme l'Arabie Saoudite, la Mauritanie, le Soudan, l'Iran et d'autres encore, l'homosexualité est même passible de la peine de mort. À l'heure même où j'écris, des homosexuels sont arrêtés, torturés, emprisonnés et assassinés par l'État en Tchétchénie. La raison première et régulièrement invoquée

1. Paru aux Éditions Actes Sud Junior en 2016.

pour qualifier l'homosexualité de criminelle est qu'elle serait contre nature. Cette affirmation se retrouve souvent dans la bouche de l'homme de la rue. Pire, elle inonde les discours des religieux fondamentalistes de toute obédience et sert de socle idéologique aux mouvements tels que la Manif pour tous et tant d'autres organisations homophobes de par le monde. Comme nous venons de le voir, la qualification contre nature de l'homosexualité est même inscrite dans les codes pénaux de certains pays.

La question de savoir si cette assertion possède un fondement scientifique est donc cruciale pour le respect des droits humains de millions d'hommes, de femmes et de personnes transgenres dans le monde. Qu'en est-il réellement ? L'homosexualité existe-t-elle dans la nature ? Si oui, est-elle courante ou fait-elle exception ? Peut-elle être qualifiée de naturelle ? Voilà les questions cruciales auxquelles ce livre se propose de répondre.

Le thème de l'homosexualité est couramment abordé sous les angles de la religion, de la politique, de la psychologie, de la psychiatrie. L'opinion publique est mise en avant. Qu'en est-il de la biologie ? Pour preuve, le livre que vous tenez entre les mains est le seul qui existe en langue française qui soit intégralement consacré à ce sujet. Le biologiste Thierry Lodé l'aborde dans ses ouvrages[1], mais aucun auteur ne s'était encore attelé à l'écriture d'un livre qui explore les connaissances scientifiques actuelles sur la question. En effet, on interroge rarement la

---

1. *La Guerre des sexes chez les animaux*, Paris, Odile Jacob, 2007 et *La Biodiversité amoureuse. Sexe et évolution*, Paris, Odile Jacob, 2011.

biologie et l'éthologie pour leur demander si l'homosexualité existe dans la nature, et ce qu'elle représente. L'ensemble des recherches disponibles donne pourtant une réponse claire et sans ambiguïté : loin d'être *contre* nature, l'homosexualité est *dans* la nature. Elle a été documentée scientifiquement chez 471 espèces sauvages et 19 espèces domestiques dans l'ensemble du règne animal : insectes, arachnides, poissons, amphibiens, reptiles, oiseaux et mammifères. Par ailleurs, bien que toutes n'aient pas fait l'objet d'études scientifiques, des observations de comportements homosexuels ont été rapportées chez environ 1 500 espèces animales.

Le rôle de la science est de chercher à comprendre et de présenter des faits. Son devoir est aussi d'en rendre compte à la société. Les scientifiques qui tirent la sonnette d'alarme au sujet des changements climatiques et de la perte de biodiversité jouent par exemple ce rôle. Il convient que tous et toutes puissent avoir accès à l'information scientifique. L'objectif de ce livre est donc de faire le point sur les données scientifiques sur l'homosexualité animale afin de les rendre intelligibles au plus grand nombre. Les pages qui suivent présentent les résultats de recherches qui ont été publiées dans des revues et ouvrages scientifiques solides. En tant qu'éthologue et en tant qu'auteure, je prends la pleine responsabilité des déductions personnelles que j'offre ici, après un long travail de recherche et de réflexion sur ce sujet passionnant.

Ce livre a l'ambition de célébrer la diversité naturelle que notre planète abrite, et je souhaite au lecteur de partager un peu de l'émerveillement qui a été le mien tout au long de cette enquête.

Introduction

Certains chercheurs refusent d'utiliser le terme d'« homosexualité » pour les animaux et préfèrent la dénomination anglaise *« same-sex behaviour »*, qui peut être traduite par « comportement de même sexe ». Cette traduction française propose une expression complexe et plutôt vide de sens, que je n'utiliserai pas. Le choix de certains d'éviter le terme d'« homosexualité » s'explique par le fait qu'il a été créé à l'origine pour désigner un comportement humain. Ainsi, le mot appartiendrait en quelque sorte à l'espèce humaine sans qu'elle puisse le partager. En tant qu'éthologue, je m'élève contre cette habitude de refuser aux animaux le vocabulaire employé pour les êtres humains, sous prétexte que leurs capacités et certaines caractéristiques de leurs comportements n'ont pas été décelées auparavant. Le même débat a parcouru l'histoire des sciences au sujet de l'intelligence et se poursuit aujourd'hui.

C'est pourquoi je choisis, comme de nombreux chercheurs qui sont spécialistes de ce sujet, de parler sans ambages d'homosexualité animale, tout en circonscrivant l'usage de ce terme. Je me range à la définition qu'en donne le biologiste et linguiste Bruce Bagemihl, l'auteur de l'ouvrage le plus complet à ce jour sur l'homosexualité animale, intitulé *Biological Exuberance. Animal Homosexuality and Natural Diversity* (non traduit en français). Seront donc qualifiés de comportements homosexuels ou d'homosexualité les parades nuptiales, les comportements affectueux, sexuels ou parentaux qu'un animal partage avec un congénère du même sexe. Parallèlement, l'hétérosexualité animale se réfère aux mêmes comportements adressés à un congénère du sexe opposé. J'éviterai cependant l'emploi des termes « gay » et « lesbien » dans le corps du texte, car ils reflètent des réalités humaines complexes. Je me permettrai seulement de les utiliser dans certains intertitres à titre de clin d'œil.

Le premier chapitre, « Histoire d'un tabou », nous entraîne dans un voyage à travers l'histoire des sciences, quand les premières mentions d'une homosexualité animale sont apparues dans l'Antiquité. D'un côté, la biologie a concouru et concourt aujourd'hui plus que jamais à l'étude de l'homosexualité animale. D'un autre, elle a aussi contribué à la garder dans l'ombre, soit en la considérant comme une anecdote indigne d'intérêt scientifique, soit en la qualifiant de comportement anormal, déviant, pervers ou pathologique. Il est donc primordial d'explorer comment les stéréotypes ont façonné l'esprit des scientifiques en fonction de leur époque, afin de mieux comprendre la marche actuelle de la science, qui n'est pas non plus exempte de sexisme et d'homophobie. Heureusement, nous découvrirons quelques personnalités qui ont su se détacher des conventions et des préjugés afin de faire avancer la connaissance.

Le deuxième chapitre, « Comprendre l'homosexualité animale », explore les principales hypothèses évoquées pour expliquer ce phénomène dans le cadre de la théorie darwinienne de l'évolution. Cette dernière représente la structure théorique la plus largement admise aujourd'hui dans le monde de la biologie. Nous examinerons également des hypothèses et des idées qui débordent de ce cadre conventionnel. Je présenterai à cette occasion des réflexions personnelles issues de l'étude de l'ensemble de ces hypothèses qui m'ont conduite à utiliser le terme nouveau de « sexodiversité ». Parler de sexodiversité est une façon de mieux comprendre comment l'homosexualité s'inscrit dans le tissu complexe du maintien de la biodiversité et de la vie sur notre planète.

Le troisième chapitre, intitulé « Séduction, caresses, câlins et accouplements », offre un panorama non exhaustif des parades nuptiales et des comportements affectueux et sexuels qui existent dans le monde animal.

De la même manière, « Vies de couple et parentalités homosexuelles », le quatrième chapitre, présente les mille manières dont se forment les couples homosexuels. Certains durent toute la vie, d'autres le temps d'une saison de reproduction, ou moins longtemps encore. Parfois, vivre à deux ne suffit pas, alors se forme un trio ou même un quatuor.

Le cinquième et dernier chapitre montre l'existence d'animaux transgenres et transsexuels, preuve que les frontières biologiques du sexe et du genre sont résolument floues dans la nature.

I.

Histoire d'un tabou

AFIN D'ÉVITER de tomber dans un recueil d'anecdotes et de curiosités, il nous faut nous livrer à un examen historique minutieux. L'homosexualité dans le monde animal n'est ni étrange ni insolite. Bien au contraire, les scientifiques contemporains qui ont consciencieusement étudié ce phénomène la considèrent comme l'une des facettes normales du répertoire sexuel des animaux dans leur environnement naturel. Et pourtant, la reconnaissance et l'étude scientifique de ce fait biologique n'ont pas échappé, pendant de longs siècles, à l'emprise d'idées préconçues qui persistent encore aujourd'hui.

Ainsi, dans un ouvrage scientifique collectif publié en 1991 et consacré à l'étude du comportement des primates, la primatologue Linda Wolfe souligne que, à son époque, aucun des textes récents consacrés au comportement sexuel des primates ne mentionne l'homosexualité. Pourtant, de l'aveu même de certains de ses collègues, auteurs de ces articles, qui souhaitent rester anonymes, les observations de comportements homosexuels chez ces animaux sont monnaie courante. Ils lui confient avoir fréquemment observé des rapports homosexuels, aussi bien entre mâles qu'entre femelles, mais se refusent à publier leurs découvertes, soit parce qu'ils estiment qu'il leur manque un cadre théorique valide sur le sujet, soit par peur que leurs collègues les croient homosexuels.

Quel/le chercheur/euse ne souhaiterait pas voir publier des données scientifiques inédites et s'atteler à l'explication d'un comportement peu ou jamais décrit par ses prédécesseurs? Les réticences évoquées montrent que certains scientifiques, à tout le moins, craignent d'associer leur image à des thématiques controversées et, dans certains cas, souffrent probablement d'homophobie. Loin d'être anodin ou isolé, ce que rapporte Linda Wolfe met en lumière la façon dont des modes de représentation erronés entravent l'avancée de la science sur ce thème. Heureusement, un nombre que l'on espère croissant de biologistes n'est plus freiné par les préjugés.

Licencieuses perdrix antiques

L'homosexualité animale n'est en rien une découverte de la science moderne. Les écrits relatant l'observation de tels comportements remontent à l'Antiquité grecque. Aristote par exemple (384-322 av. J.-C.) évoque la «lascivité excessive» des cailles et des perdrix dans son *Histoire des animaux* et mentionne des cas d'homosexualité:

> Une fois que la femelle couve après avoir pu se sauver, les mâles poussent des cris et se battent entre eux. C'est à ce temps

qu'on les appelle des veufs. Le mâle vaincu, en se battant, suit son vainqueur et ne se laisse cocher[1] que par lui. Si un mâle est vaincu, il est coché par le second ou par tout autre, en cachette du vainqueur. Les choses ne se passent pas ainsi dans toute l'année, mais seulement à certaines époques. Il en est de même des cailles ; et parfois aussi, on peut faire ces observations sur les coqs. Dans les temples où l'on nourrit des coqs sans leurs femelles, tous les coqs viennent successivement cocher le nouveau venu. De même, les perdrix domestiques cochent les perdrix sauvages, les pillent et les maltraitent de toutes façons.

Histoire des animaux, IX, 9.

Aristote présente des observations probablement véridiques en inférant deux explications qui seront reprises par de nombreux scientifiques après lui : les contacts homosexuels entre mâles chez les perdrix, les cailles ou les coqs résulteraient de rapports de dominance. Le vainqueur d'un combat soumettrait le vaincu à une copulation forcée. Il suggère également que l'homosexualité serait un second choix pour ces animaux auxquels l'hétérosexualité échapperait. Ces tentatives d'explication résultent d'un préjugé encore tenace dans la communauté scientifique et dans la société. L'idée générale est que l'homosexualité serait obligatoirement une exception, un événement isolé, une anomalie engendrée par des circonstances peu propices à l'hétérosexualité, elle-même considérée comme une norme. Or l'observation précise du comportement animal dément cette hypothèse.

1. Cocher : couvrir, monter.

Dans le même ouvrage, Aristote aborde aussi les rapports sexuels entre femelles :

> Ce que les pigeons ont encore de particulier, c'est que les femelles se montent mutuellement, à défaut de mâle, après s'être baisées comme des mâles ; ne pouvant rien émettre les unes dans les autres, elles pondent des œufs en plus grand nombre que les œufs féconds ; mais il n'en sort jamais de petits, et tous les œufs ainsi produits sont des œufs clairs.
>
> *Histoire des animaux*, VI, 2.

Ici encore, Aristote suppose que c'est l'absence de partenaire du sexe opposé qui pousserait deux femelles à former un couple, à s'accoupler et à pondre leurs œufs dans le même nid. Il affirme également que ces œufs sont systématiquement non fécondés et infertiles, ce qui prive ces animaux de la possibilité de procréer. Nombreuses, pourtant, sont les données scientifiques qui contredisent cette vision erronée associant homosexualité et absence de parentalité.

D'autres écrits antiques abordent l'existence d'une homosexualité animale, tels les *Hieroglyphica*, attribués à Horapollon, un philosophe d'Alexandrie qui a vécu dans la seconde moitié du Ve siècle. Cet ouvrage se présente comme une tentative d'interprétation des hiéroglyphes égyptiens, qui fascinaient déjà les savants de cette époque. L'égyptologie actuelle reconnaît que ces textes se fondent en partie sur une réelle connaissance des hiéroglyphes, mais que la majorité des interprétations proposées sont approximatives et empreintes de spéculation symbolique et théologique. En ce qui concerne notre sujet, les quelques lignes qui traitent d'homosexualité animale sont d'un intérêt certain pour ce qu'elles révèlent des croyances de cette époque. Près de huit siècles après les textes d'Aristote, on observe que les opinions n'ont pas varié d'un iota :

> Voulant signifier la pédérastie, ils peignent deux perdrix mâles ; car les perdrix mâles, quand elles ont perdu leurs femelles, ont commerce entre elles.
>
> *Hieroglyphica*, II, 95.

En contradiction avec une tentative d'Aristote de démentir une croyance répandue au sujet de la hyène, Horapollon la perpétue :

> Voulant signifier quelqu'un d'instable et qui ne peut demeurer dans le même état d'esprit, mais qui est tantôt fort, tantôt faible, ils peignent une hyène : car celle-ci est tantôt mâle, tantôt femelle.
>
> *Hieroglyphica*, II, 69.

L'idée que les hyènes changeraient de sexe une année sur l'autre précède Horapollon de plusieurs siècles. En effet, dans son traité sur la *Génération des animaux*, Aristote cite comme source Hérodore d'Héraclée, un mythographe du VIe siècle av. J.-C. :

> Hérodore d'Héraclée, en parlant de la hyène, dit, en particulier, que ces animaux réunissent les deux organes sexuels du mâle et de la femelle [...], et que la hyène monte une année, et est montée l'autre. On a vérifié que la hyène n'a qu'un seul organe

du sexe ; et il y a plus d'un pays où cette observation peut n'être pas rare. Ce qui est vrai, c'est que les hyènes ont sous la queue une ligne qui ressemble à l'organe de la femelle ; mais les mâles et les femelles ont indistinctement cette ligne remarquable.

Génération des animaux, III, 5.

Malgré la rectification du philosophe, les allégations d'hermaphrodisme ou de changement de sexe chez les hyènes restent courantes dans la littérature antique. La croyance concernant cette espèce s'est largement répandue et a été acceptée comme vraie. Il est impossible de déterminer l'origine exacte de cette idée, mais on peut aisément supposer qu'elle a émergé à la suite d'observations de cet animal, qui auront confondu ceux qui en furent témoins. En effet, non seulement les rapports homosexuels ne sont pas rares chez les différentes espèces de hyènes, mais les femelles possèdent aussi une particularité anatomique qui a dû laisser les observateurs antiques pantois : le clitoris d'une hyène ressemble à un pénis, si bien qu'il est très difficile, voire impossible, de déterminer le sexe de cet animal par simple observation. L'imagination de l'époque aura fait le reste. Aristote tente de dissiper une autre idée fausse selon laquelle la belette serait fécondée et mettrait bas oralement. Le philosophe indique que cette opinion était partagée par son prédécesseur présocratique Anaxagore (vers 500-428 av. J.-C.) ainsi que par d'autres naturalistes :

Quant à la belette, elle a sa matrice disposée absolument comme celle des autres quadrupèdes ; et en elle, d'où l'embryon pourrait-il venir pour arriver dans sa bouche ? Comme la belette fait des petits excessivement grêles, et qu'elle les transporte

> souvent dans sa gueule [...] c'est là ce qui aura provoqué cette fable absurde.
>
> *Génération des animaux*, III, 5.

De prime abord, cette croyance semble sans rapport avec le sujet de l'homosexualité. Nous verrons pourtant qu'elle y sera étrangement associée. Il est important de constater que ces superstitions zoologiques ont été considérées comme des faits biologiques par les savants qui les ont consignées, répétées et souvent enjolivées.

Animaux homos et premiers chrétiens

Comment les données rapportées par les savants de l'Antiquité ont-elles été utilisées par les premiers auteurs chrétiens ? Les théologiens de la première heure décrivent le monde animal dans le but de prescrire à l'être humain le comportement qu'ils estiment approprié au regard de la religion et de Dieu.

Dans son ouvrage *Christianisme, tolérance sociale et homosexualité. Les homosexuels en Europe occidentale des débuts de l'ère chrétienne au XIVe siècle*, l'historien américain John Boswell explique que les arguments les plus anciens et les plus influents que les théologiens chrétiens ont utilisés pour s'opposer à l'homosexualité s'enracinent dans leur analyse du comportement animal. À cet égard, l'Épître de Barnabé a joué un rôle considérable. Bien qu'il soit daté du Ier siècle de notre ère, ce texte fut considéré comme un écrit biblique par les premiers chrétiens. Barnabé met en garde contre la consommation de certains animaux, car elle entraînerait l'apparition de comportements indésirables chez l'être humain. Ainsi, il interdit la consommation d'aigle, d'épervier, de milan et de corbeau, arguant que ces oiseaux « au lieu de se procurer leur nourriture, restent perchés à ne rien faire et cherchent à manger les autres, vrai fléau par leur méchanceté ». Au milieu de cette liste de mises en garde est évoquée une donnée naturaliste étrange selon laquelle le lièvre se verrait attribuer un anus supplémentaire chaque année – compter le nombre d'anus permettrait même de déterminer l'âge de la bête.

Aussi, Barnabé met-il en garde : un homme qui se nourrirait de cette viande deviendrait pédophile. Dans le texte grec, l'auteur écrit que le mangeur de lièvre prend le risque de se transformer en « abuseur d'enfants », il peut donc s'agir de filles ou de garçons. Mais les auteurs qui reprendront cet argument suggèrent uniquement une pédophilie homosexuelle, dirigée vers les petits garçons. Barnabé prévient aussi contre la consommation de viande de hyène, en vertu de la croyance bien répandue selon laquelle elle changerait de sexe chaque année. Le risque pour le mangeur est cette fois de devenir « adultère, séducteur ou identique à l'animal ». Barnabé alerte à nouveau le lecteur : la consommation de viande de hyène pourrait entraîner un changement de sexe. Pour les esprits de cette époque, on peut penser que ce « changement de sexe » ne signifiait pas une véritable modification biologique, mais plutôt un changement de comportement. L'homme qui deviendrait « identique à la hyène » se transformerait en femme, c'est-à-dire qu'il prendrait la position considérée comme passive de l'individu qui est pénétré, soit la « place de la femelle » dans la copulation. C'est ainsi que Barnabé et d'autres auteurs s'appuient sur l'analyse qu'ils font d'un comportement animal supposé pour aborder le sujet de l'homosexualité humaine. Barnabé s'en prend ensuite vigoureusement à la belette et avertit de nouveau le lecteur :

> Moïse a également poursuivi la belette d'une haine méritée. Garde-toi, veut-il dire, de ressembler à ceux qui, dit-on, commettent de leur bouche impure l'iniquité, évite toute liaison avec les femmes impudiques qui commettent le crime avec leur bouche. Tel cet animal qui conçoit par la gueule.
>
> Épître de Barnabé, X.

L'auteur invoque souvent la parole de Moïse pour appuyer son étrange argumentation. Mais, selon John Boswell, le prophète n'aurait pas de telles vues sur les animaux évoqués et ne les accompagnerait pas de telles injonctions. Par exemple, Moïse n'aurait jamais interdit de manger de la hyène.

Les anus multiples du lièvre, les changements de sexe de la hyène et la procréation orale de la belette ne semblent pas avoir de lien évident avec l'homosexualité. On peut alors se demander pourquoi ces trois observations constitueront une base de réflexion sur le sujet chez les premiers penseurs chrétiens. C'est uniquement par le jeu des analogies et des amalgames. Ainsi, les attributs et les pratiques supposés de ces animaux sont tous liés à des pratiques sexuelles humaines qui ne mènent pas à la procréation : la sodomie pour le lièvre, la bisexualité pour la hyène, qui évoque un appétit sexuel non discriminé, et la fellation pour la belette. Ces pratiques sont associées au plaisir en l'absence de reproduction. Pour les penseurs de l'époque, l'homosexualité est, elle aussi, une source de plaisir qui se détourne de la procréation.

De même, un amalgame sera fait entre pédophilie et homosexualité, qui finit de donner un caractère négatif à cette dernière. Ainsi, le terme de « pédérastie » signifiait à l'origine, en grec, l'« attirance pour les jeunes garçons ». Il était utilisé dans le contexte bien particulier de la société grecque antique qui voyait l'homosexualité d'un bon œil, même entre hommes adultes et adolescents. Le mot « pédérastie » est utilisé par la suite pour désigner les rapports sexuels entre hommes adultes. Le terme d'« homosexualité » n'apparaîtra en effet qu'en 1869 sous la plume de l'écrivain hongrois Karl-Maria Kertbeny. Le mot « pédéraste » ne tombera en désuétude qu'à la fin du XXe siècle. Ce glissement de signification des termes a entretenu une confusion grossière avec la pédophilie, confusion toujours invoquée aujourd'hui par certains mouvements fondamentalistes religieux et idéologues d'extrême droite pour condamner l'homosexualité[1].

1. À cet égard, précisons la différence fondamentale qui existe entre pédérastie et pédophilie. Dans son acception originelle, le pédéraste est un homme qui a une attirance sexuelle pour les jeunes garçons pubères, autrement dit les adolescents. Il n'a pas d'attirance pour les jeunes filles. Le pédophile, homme ou femme, avoue quant à lui, ou elle, une attirance sexuelle pour les enfants prépubères de l'un ou l'autre sexe. La pédophilie est un crime aux yeux de la loi, alors que la pédérastie n'en est pas un.

Pour la procréation seulement

Clément d'Alexandrie, un père de l'Église qui vécut au IIe et au IIIe siècle de notre ère, utilisera certaines des histoires animalières rapportées par Barnabé pour en faire un argument contre l'homosexualité dans *Le Pédagogue.* Dans ce texte, il édicte une règle religieuse bien connue : pour être considéré comme moral, l'acte sexuel doit n'avoir pour but que la procréation. Cette injonction entraîne l'interdiction de toutes les pratiques sexuelles qui ne viseraient qu'à donner du plaisir à ceux qui s'y adonnent. Pour Clément, tout être homosexuel est exclu du champ de la procréation et est donc considéré comme coupable aux yeux de la religion. Il commente ainsi le commandement de Dieu « Croissez et multipliez » :

> Il ne faut ni semer sur la pierre ni outrager la semence, qui est le principe de la génération, et la substance par laquelle la nature se conserve et se perpétue dans les voies que Dieu lui a tracées. S'écarter de ces voies, et transmettre ignominieusement la semence dans des vaisseaux qui ne lui sont pas naturellement destinés, c'est le comble de l'impiété et du crime.
>
> *Le Pédagogue*, Livre II, x.

Et, pour appuyer son argumentation, il s'inspire du texte de Barnabé où ce dernier évoque le comportement animal.

> Voyez sous quelle figure le sage Moïse défend l'ensemencement d'un sol infertile :
>
> « Vous ne mangerez, dit-il, ni de la chair du lièvre ni de celle de la hyène. »

> Dieu ne veut point que l'homme ait rien de commun avec la nature impure de ces animaux ni qu'il égale leur lubricité, qui est si ardente, qu'elle les excite sans cesse à la satisfaire avec une sorte de fureur stupide.
>
> *Le Pédagogue*, Livre II, x.

Cependant, Clément paraît avoir lu Aristote, car il indique ne pas croire aux changements de sexe de la hyène. Il ajoute se servir malgré tout de cet exemple pour étayer son propos. Même s'il consent à refuser que cet animal puisse changer de sexe à l'envi, il croit fermement qu'il est la proie d'instincts lubriques :

> Seulement, comme l'animal dont je parle, je veux dire la hyène, est prodigieusement lascif, il a sous la queue, un peu au-dessus du canal par où passent les excréments, une certaine excroissance de chair parfaitement semblable aux parties honteuses de la femelle ; mais cette masse de chair n'est qu'une cavité, sans utilité et sans issue, où la fureur lubrique de ces animaux se puisse assouvir quand les conduits naturels s'y refusent avec dégoût, occupés qu'ils sont par la conception du fœtus. Elle est commune au mâle et à la femelle, qui sont l'un et l'autre également et extraordinairement amoureux. Le mâle agit et souffre tour à tour ; de sorte qu'il est très rare de trouver une hyène femelle.
>
> *Le Pédagogue*, Livre II, x.

L'invention, par Clément, d'un troisième orifice sexuel n'a d'autre but que la condamnation de la sodomie chez l'être humain.

Fables médiévales

Le Moyen Âge ne démentira rien de ces fantaisies naturalistes qui sont reprises et embellies, notamment dans un texte célèbre : le *Physiologus*, souvent plus connu sous le nom de *Bestiaire*. Ce recueil qui mêle fables animalières et interprétations moralisatrices ne manque pas de mentionner la belette qui recevrait la semence du mâle par la bouche et mettrait bas par les oreilles. La hyène est quant à elle de nouveau décrite comme un animal qui change de sexe. L'origine exacte du texte reste nébuleuse, mais il date probablement du IIe siècle et aurait été rédigé en Égypte. Il est intéressant de noter que Clément d'Alexandrie officiait à la même époque et dans la même région. Leurs récits ont été repris de nombreuses fois par différents auteurs et ont traversé les siècles. Le *Physiologus* fut un véritable *best-seller* du Moyen Âge, traduit dans toutes les langues romanes ainsi qu'en islandais et en arabe. Selon l'historien Arnaud Zucker, la popularité de cet ouvrage a été comparable à celle de la Bible jusqu'au XIIIe siècle. À une époque où les livres restaient relativement rares, ce bestiaire a donc eu une influence considérable sur les lettrés et tout lecteur qui avait les moyens de se l'offrir.

Les perdrix, toujours aussi lascives à l'époque moderne

Au XVIIe siècle, l'homosexualité animale continue d'être mentionnée dans des ouvrages naturalistes tels que *The Ornithology of Francis Willughby*, de John Ray. L'ornithologue

Francis Willughby (1635-1672) et le naturaliste John Ray (1627-1705) ont travaillé à une œuvre commune, mais le premier est décédé avant son achèvement. Dans ce livre paru en 1676, les perdrix sont qualifiées d'« oiseaux très salaces, tristement célèbres pour leur pédérastie et d'autres abominables copulations ». D'après l'auteur, « la caille n'est pas moins salace que la perdrix et est aussi défavorablement connue pour sa lubricité obscène et non naturelle ». Presque cent ans plus tard, l'ornithologue George Edwards (1694-1773), dans *Gleanings of Natural History*, paru en plusieurs volumes entre 1758 et 1764, discute la véracité des propos de Willughby, qu'il tenait jusque-là, selon ses termes, pour essentiellement « romanesques ». Il explique avoir modifié son jugement après avoir observé de jeunes coqs maintenus ensemble dans un enclos, sans contact avec les poules. Edwards raconte qu'ils « ont bien vite laissé leurs animosités passées de côté, ont cessé de se battre et chacun a entrepris de monter son voisin, tandis qu'aucun d'entre eux ne semblait disposé à se laisser monter ».

Le célèbre comte Georges-Louis Leclerc de Buffon (1707-1788) n'est pas en reste sur le sujet. On trouve plusieurs allusions à l'homosexualité animale dans sa monumentale *Histoire naturelle*, notamment dans les volumes consacrés aux oiseaux. Il contredit ceux qui nient l'existence de tels comportements dans la nature, et confirme que parfois « un mâle se sert d'un autre mâle et même de tout autre meuble, comme d'une femelle ». Il appelle ce comportement, non sans élégance, un « excès de nature ». À cet égard, il a lui aussi recours à l'exemple de la lascivité supposée de la perdrix.

Coléoptères pervers

Il faut attendre le XIXe siècle pour voir apparaître les premières observations scientifiques, au sens moderne du terme, de comportements homosexuels chez l'animal. Nous les devons aux entomologistes, qui s'étonnent des « perversions » sexuelles des coléoptères et publient leurs remarques dans les bulletins et journaux des sociétés d'entomologie de l'époque. La lecture de ces sources permet de mesurer le choc qui se produit lorsque les observations scientifiques objectives de ces hommes entrent en collision avec les préjugés de leur temps.

Le cas des hannetons mâles vaut la peine qu'on l'étudie en détail. Les comportements homosexuels de ces insectes sont évoqués pour la première fois par le Dr Alexandre Laboulbène lors de la séance du 14 septembre 1859 de la Société entomologique de France. Ce médecin diplômé de la Faculté de médecine de Paris est aussi un entomologiste distingué. Ce jour-là, il propose à ses collègues une démonstration qui sort quelque peu de l'ordinaire. Il raconte qu'un de ses collègues, le Dr Puton, lui a remis deux spécimens de hannetons mâles *Melolontha melolontha*, qu'il a retrouvés accouplés.

Après les avoir sacrifiés sur-le-champ sans modifier leur position d'accouplement, le Dr Puton conserve les animaux trois ou quatre ans. Il confie ce couple scellé dans la mort à son collègue Laboulbène, avec deux questions : ces insectes qui ressemblent extérieurement à des mâles en sont-ils bel et bien ? L'un des deux serait-il une femelle pourvue d'antennes mâles ?

Il convient ici d'expliquer brièvement comment se déroule l'accouplement hétérosexuel chez les hannetons. Le mâle monte sur le dos la femelle, la maintient avec ses pattes et la pénètre. Une fois le rapport consommé, le mâle semble s'évanouir ou s'endormir, puis bascule vers l'arrière sans toutefois se détacher de la femelle. Il se laisse alors traîner sur le dos par cette dernière, qui continue de vaquer à ses occupations. L'encombrant partenaire peut se laisser transporter ainsi pendant plus d'une journée.

Ce comportement, qui paraît étrange à bien des observateurs, est l'une des nombreuses stratégies développées par les insectes mâles pour éviter que la femelle qu'ils ont fécondée ne soit montée par d'autres mâles, ce qui risquerait de compromettre leur propre succès reproducteur. Les accouplements entre mâles occasionnent la même torpeur de la part de celui qui monte son partenaire, ce qui a permis aux entomologistes de découvrir des individus scellés ainsi l'un à l'autre.

Revenons aux observations du Dr Laboulbène. Il explique à l'assemblée qu'il a examiné en détail l'aspect extérieur du corps des deux hannetons qui ne diffère en rien de celui d'autres mâles de sa collection. Il procède ensuite à la dissection de leurs appareils sexuels internes. Les deux partenaires disposent d'organes génitaux mâles ordinaires. L'insecte qui a été pénétré ne comporte aucun organe femelle, ni entier ni à l'état de vestige. Le médecin décrit aussi la copulation proprement dite où il apparaît que le premier mâle a pénétré les voies génitales du second et non celles du tube digestif. Ses attributs masculins se sont trouvés refoulés à l'intérieur de l'abdomen. Le Dr Laboulbène conclut qu'il s'agit bien d'un accouplement de deux mâles ordinaires. Il qualifie le phénomène de singulier et avoue n'avoir jamais eu connaissance d'autres faits similaires. Remarquons la rigueur de l'homme de science qui décrit précisément son objet et s'abstient de le qualifier d'une manière ou d'une autre.

Le sujet n'est plus abordé pendant vingt-cinq ans. En 1884, des données similaires apparaissent dans les pages du *Journal officiel de la République française*! L'abbé Maze y publie certaines informations sur les hannetons, considérés à cette époque comme un fléau pour les activités agricoles. Il note son observation d'un accouplement entre mâles et se pose les mêmes questions que celles qui ont été soumises au Dr Laboulbène. Après avoir pratiqué lui aussi une dissection sur les animaux concernés, il arrive aux mêmes conclusions que son prédécesseur. À l'image de ce dernier, l'abbé Maze évoque l'étrangeté de la chose, mais s'abstient de tout commentaire.

En août 1895, les observations de divers naturalistes font l'objet d'une publication intitulée « Accouplement anormal entre des *Lucanus cervus* mâles » dans un journal de chroniques entomologiques, les *Miscellanea entomologica*. Cette note expose les données recueillies à ce sujet, cite Laboulbène et stipule que de tels comportements sont assez fréquents. Dans le numéro de septembre suivant, à la suite de la publication de cette note, l'entomologiste Paul Noël écrit une lettre à la rédaction du journal qui la reproduit intégralement. On peut y lire : « ces anomalies sont beaucoup moins rares chez les insectes qu'on ne le croit en général ». Puis il poursuit ainsi :

> Ayant eu besoin d'une grande quantité de hannetons pour procéder en avril dernier à des expériences qui m'étaient demandées par la préfecture, j'ai fait prendre à la mairie du Bois-Guillaume 15 kg de ces insectes (environ 16 000) qui y étaient apportés par les paysans dans le but de toucher la prime allouée pour la destruction de ces bestioles. Pendant les quelques jours que ces hannetons ont vécu, j'ai pu constater de nombreux accouplements entre mâles, il s'en est même trouvé de si solidement accouplés que j'ai pu en conserver dans de l'alcool une vingtaine de couples restés dans la même position.

Plus loin dans sa lettre, Noël expose une nouvelle observation sur les mâles d'abeilles, les faux bourdons, nommés bourdons dans le texte :

> Mais, où j'ai le mieux constaté cet accouplement (?) entre mâles, si toutefois on peut appeler ainsi cette opération, c'est chez des mâles d'abeilles. Au mois de septembre de l'année dernière, mes abeilles chassaient des ruches les bourdons, qui, n'ayant plus domicile et pour se garantir le plus possible du froid qui commençait à se faire sentir, passaient les nuits agglomérés en masses grosses comme le poing sous le plancher de ces ruches. Ayant voulu en prendre quelques-uns pour les piquer et les placer dans ma collection, quelle ne fut pas ma surprise de les trouver tous accouplés deux par deux. J'ai même pendant quelque temps pu conserver plusieurs dans cette position en les tuant avec du chloroforme. La prière, que les paysans adressent aux abeilles pour les empêcher de piquer, nous les présente comme les mouches de Dieu nées de trois gouttes d'eau tombées des mains de Jésus venant de les laver à la rosée du matin, et créées surtout pour fabriquer la cire destinée à servir à la

Sainte Messe. Où diable les mouches de Dieu ont-elles puisé de pareilles mœurs ? Je pose la question sans la résoudre et vous serre cordialement la main.

On remarquera que, malgré une observation directe qui ne semble faire aucun doute à ses yeux, l'auteur se demande s'il doit vraiment nommer un chat un chat, et donc un accouplement un accouplement. Dans son ouvrage de référence paru en 1999, le Dr Bruce Bagemihl interroge cette propension de la majorité des scientifiques à nier la réalité des rapports homosexuels chez les animaux en leur cherchant d'autres significations. « Cachez cette homosexualité que je ne saurais voir » semble être la maxime de ces chercheurs. Ainsi tentent-ils de définir les actes observés, qui sont clairement sexuels, comme des comportements d'agression, de jeu, de compétition, d'apaisement, d'alliance ou même de nutrition dans le cas d'une fellation entre deux orangs-outans. De la même façon, les parades nuptiales deviennent des jeux, et les accouplements des pseudo-copulations, des parodies de copulation ou bien des coïts feints.

Hannetons pédérastes

La fin de la lettre, où l'auteur se demande « où diable les mouches de Dieu ont-elles puisé de pareilles mœurs ? » a des accents comiques pour les lecteurs d'aujourd'hui et illustre bien le désarroi dans lequel se trouvaient les hommes de science face à de telles données. Si Paul Noël se pose des questions sans les résoudre, son ami et collègue Henri Gadeau de Kerville (1858-1940) entreprend de donner des réponses dès l'année suivante, en 1896, lors d'une conférence qui fera grand bruit dans les rangs des membres de la Société entomologique de France. Le texte de son intervention paraîtra ensuite dans son *Bulletin*. Gadeau de Kerville était un naturaliste touche-à-tout, dans le meilleur sens du terme. Il perpétuait une tradition scientifique universaliste et faisait montre d'un esprit critique parfois en avance sur son temps.

Les données qu'il s'apprête à présenter ce soir-là proviennent d'observations rapportées par Paul Noël, que ce dernier n'a pas jugé utile de consigner lui-même. Noël a raconté à Gadeau de Kerville que, parmi les hannetons collectés par les paysans, il a retrouvé un certain nombre de mâles accouplés, comme nous venons de le voir. Mais là où l'histoire devient plus « croustillante » encore, c'est quand Paul Noël explique avoir gardé l'ensemble des hannetons en captivité pendant quelques jours, laps de temps pendant lequel il a observé les comportements homosexuels. Il ajoute alors un fait crucial qui va susciter l'intérêt de son ami : dans le groupe captif, les hannetons mâles avaient de nombreuses femelles à leur disposition pour s'accoupler. Néanmoins, certains ont dirigé leurs ardeurs vers les individus de leur propre sexe. Une grande question se pose alors : serait-ce possible que l'homosexualité des hannetons ne soit pas qu'un second choix provoqué par l'absence de femelles disponibles ? Une telle interrogation ne pouvait qu'exciter la curiosité scientifique d'un naturaliste tel que Gadeau de Kerville.

Le soir de la conférence, il se présente devant ses collègues avec ses conclusions. On imagine la salle remplie de messieurs sérieux et bien mis qui viennent écouter avec attention les savants exposés de leurs collègues. En principe, ces hommes de science s'attachent à décrire le monde naturel tel qu'il se présente à leurs yeux et ne sont pas rebutés par ses étrangetés. Ils sont prêts à se laisser surprendre. Mais seulement jusqu'à un certain point. La plupart d'entre eux sont aussi des bourgeois conservateurs peu enclins à remettre en question leurs présupposés moraux. Ainsi, la communication de Gadeau de Kerville, intitulée « Perversion sexuelle chez les coléoptères mâles », doit susciter un intérêt certain, tant qu'elle respecte les théories en vigueur.

L'auteur commence par évoquer ce qui fait consensus à l'époque au sujet des accouplements entre mâles : ils seraient dus à l'absence de femelles disponibles. Jusque-là, l'orateur est en adéquation avec ce que les auditeurs sont prêts à entendre. Cette théorie selon laquelle la promiscuité entre mâles est la cause de l'homosexualité est couramment mentionnée pour expliquer ce comportement, aussi bien chez les animaux que chez les êtres humains. L'idée n'est pas nouvelle, puisqu'elle est déjà suggérée par Aristote et nombre de ses successeurs. L'explication est donc ancrée dans l'esprit de générations de savants. Gadeau de Kerville continue en faisant référence aux travaux de ses prédécesseurs, le Dr Laboulbène, l'abbé Maze et Paul Noël. Ce dernier lui a confié quelques paires de hannetons mâles encore accouplés et conservés dans l'alcool. Il réitère alors la dissection opérée par Laboulbène et confirme aboutir aux mêmes conclusions, même s'il se trompe en affirmant que la pénétration s'effectue dans le cloaque de l'insecte quand il s'agit en fait de la cavité génitale. Mais la suite va retenir toute l'attention des auditeurs. Gadeau de Kerville entreprend en effet de définir les comportements observés comme « de véritables actes de pédérastie[1] ». Puis, il va plus loin encore en divisant cette « perversion » en deux catégories : la « pédérastie par nécessité », expliquée par le manque de femelles, et la « pédérastie par goût », malgré la présence de femelles disponibles.

> Le fait le plus intéressant, dans ces accouplements entre hannetons mâles, c'est qu'ils avaient un grand nombre de femelles à leur disposition. En conséquence, les mâles qui ont joué le rôle actif dans la copulation peuvent être considérés comme des pédérastes par goût.
>
> *Bulletin de la Société entomologique de France*, 1896.

Au moment où il formule cet argument central de sa conférence, Gadeau de Kerville ne soupçonne probablement pas les foudres qu'il va s'attirer. Car annoncer l'existence dans la nature d'une « pédérastie par goût » est une nouveauté à tout le moins scandaleuse pour les esprits du temps. Cette affirmation laisse la place à une nouvelle explication de l'homosexualité, qui soutiendrait qu'elle ne serait pas seulement une sexualité

1. Ces mots en font sourciller plus d'un dans l'assemblée, car nombre de ces messieurs sont au fait de l'origine grecque du terme de pédérastie, qui signifie « amour des jeunes garçons », et dont ils jugent l'emploi abusif pour les animaux. Certains lui en feront le reproche par la suite. Mais Gadeau de Kerville balaiera d'un revers de manche ce qu'il considère comme de l'ergotage, en arguant que le terme est confondu depuis des lustres avec l'idée de rapport sexuel entre hommes.

refuge en cas d'impossible accès à l'hétérosexualité. Rappelons qu'à la période où Gadeau de Kerville s'exprime, Oscar Wilde est en prison en Angleterre pour sodomie, alors considérée comme un crime. Gadeau de Kerville ne renie pas la qualification de perversion qui a cours à l'époque. Mais il admet la possibilité que l'homosexualité soit une inclination naturelle et pas seulement un pis-aller induit par les circonstances.

Enfin, il conclut :

> Il est possible et même probable que l'état de captivité fait augmenter le nombre des actes de pédérastie ; mais il n'en est pas moins absolument certain que des accouplements entre mâles se produisent également à l'état de pleine liberté. En terminant, je ne puis m'empêcher de faire remarquer que cette double pédérastie se produit aussi chez les vertébrés supérieurs.
>
> *Bulletin de la Société entomologique de France*, 1896.

Dans cette conclusion, l'auteur persiste et signe non seulement parce qu'il affirme une idée contraire à la pensée dominante, mais aussi parce que, en évoquant la « double pédérastie des vertébrés supérieurs », il suggère qu'on doit admettre sa possibilité chez l'espèce humaine. Cet ensemble de déclarations va susciter l'indignation de nombre de ses collègues et de nombreuses critiques.

Gadeau de Kerville publiera ensuite sa réponse dans un autre opuscule, dans lequel il refuse de s'excuser d'avoir traité d'un tel sujet, rappelant que la science n'a que faire de la pudibonderie. Dans ce texte, il se défend notamment contre les chicaneurs qui lui reprochent l'utilisation du terme de pédérastie. Ayant démontré que ce mot, au sens contemporain, désigne avant tout la pénétration d'un mâle par un autre, il l'estime approprié pour décrire les comportements observés chez les hannetons. Il revient rapidement sur l'existence de la « pédérastie par nécessité », admise par tous, et s'attaque ensuite à la défense de son hypothèse d'une « pédérastie par goût ». Comme le savant l'indique dans la dernière ligne de son article, les critiques de ses collègues ont eu le mérite de le conduire à faire « deux choses parfaites pour l'esprit : examiner et réfléchir ». En effet, il approfondit l'analyse du phénomène et précise son raisonnement :

> On pourrait supposer que les pédérastes passifs s'étant préalablement accouplés avec des femelles de leur espèce exhalaient un peu de leur odeur – on sait que l'olfaction joue un rôle considérable dans l'accouplement des insectes –, et que, trompés par cette odeur, les pédérastes actifs s'étaient accouplés avec eux. Mais, à la réflexion, il n'est guère possible d'admettre qu'un mâle accouplé avec une femelle, puis désaccouplé, exhale une odeur féminine plus forte que celle des femelles qui se trouvent auprès de lui.
>
> *Bulletin de la Société entomologique de France*, 1896.

Puis, il tempère tout autant qu'il réaffirme son point de vue :

> Évidemment l'on ne peut affirmer, d'après cette observation, que les pédérastes actifs étaient des pédérastes par goût, mais, à mon avis, cette supposition est acceptable.
>
> *Bulletin de la Société entomologique de France*, 1896.

Pour appuyer encore son hypothèse selon laquelle la « pédérastie par goût » se retrouverait aussi bien en captivité que dans la nature, il cite la publication d'une note d'un certain Peragallo dans les *Annales de la Société entomologique de France* en 1863. Ce dernier a observé les accouplements entre mâles de téléphores, des coléoptères du genre *Ragonycha*, et de lucioles. On notera le langage outré de l'auteur qui permet de prendre la mesure des considérations morales dominantes à l'époque, tout autant que de l'anthropomorphisme à l'œuvre dans l'observation du comportement animal.

> J'arrive à deux faits qui m'ont plus particulièrement frappé lors de l'excursion dont je viens de parler. Le premier fait est tout simplement une monstruosité. [...] À dix heures du soir et rarement avant, nous avons, à chacune de nos chasses, capturé soit à terre, soit sur les plantes basses, des lucioles mâles, positivement mâles, couvertes par des mâles de *Ragonycha* ; et ce n'est pas un fait isolé, puisque j'ai en ma possession douze de ces couples pris en trois localités différentes, à différentes dates, et sur ces douze couples trois, qu'il m'a été possible d'asphyxier instantanément au moyen du soufre, sont encore réunis. Le coït est même tellement complet, tellement certain, tellement intentionnel, que j'ai gardé pendant plusieurs heures de ces couples immobiles, immobilité extraordinaire dans un petit être aussi vif que la *Ragonycha* : comme je suis positivement certain du sexe des deux insectes, et que ce sexe est le même, je ne puis admettre qu'une immoralité flagrante de la part de la *Ragonycha*, et une complaisance coupable de la part de la luciole mâle.
>
> *Annales de la Société entomologique de France*, 1863.

Ces observations, dont Gadeau de Kerville affirme qu'elles ne sont qu'un échantillon d'un ensemble de données similaires, confortent son hypothèse. Il termine en affirmant qu'il existe une « pédérastie par nécessité » aussi bien qu'une « pédérastie par goût » chez l'être humain en s'appuyant sur les travaux du Dr Albert Moll, un psychiatre allemand, pionnier de la sexologie, qui a fait scandale à l'époque avec son ouvrage *Les Perversions de l'instinct génital, étude sur l'inversion sexuelle basée sur des documents officiels*, paru en 1897. Le médecin décrivait en effet l'existence d'une homosexualité congénitale chez l'être humain, ce qui signifie que certains hommes naissent homosexuels. Gadeau de Kerville « défend » en quelque sorte les hannetons pédérastes, perçus ici comme des victimes d'une perversion qui, en psychologie, est définie comme une déviation pathologique des tendances considérées comme normales. Le terme de « perversion » est en quelque sorte associé à l'anormalité et à la maladie. Pour l'auteur, les hannetons ne sont en revanche pas coupables de perversité, laquelle est définie comme un trait de caractère qui pousse au « mal », aux actions immorales. Il conclut en maintenant ses arguments, mais nuance son avis sur l'idée d'une « pédérastie par goût ».

> En définitive, je crois avoir prouvé, par les lignes précédentes, que l'expression de pédérastie est tout à fait applicable aux insectes, et que, chez ces animaux, ont lieu *certainement* des actes de pédérastie par nécessité, et *hypothétiquement* des actes de pédérastie par goût.
>
> *Bulletin de la Société entomologique de France*, 1896.

Les expériences du Dr Féré

Les remous que créent les articles de l'entomologiste vont susciter la poursuite des investigations par le Dr Charles Féré (1852-1907), un médecin aliéniste. En effet, dans son second opuscule, Gadeau de Kerville suggère en quelques lignes l'idée d'une expérience qui consisterait à rechercher si l'ablation des antennes des insectes mâles, en supprimant l'olfaction, conduirait à des actes de pédérastie. Féré va le prendre au mot, bien décidé à démontrer que la « pédérastie par goût » ne peut exister chez les animaux et qu'elle représente une spécificité humaine[1]. Cette hypothèse va bien évidemment biaiser son analyse et ses résultats. Mais son étude mérite malgré tout d'être examinée. Féré teste le rôle de l'odorat dans le comportement sexuel des hannetons. Pour cela, il coupe les antennes de 50 hannetons mâles qu'il dispose ensuite dans une boîte avec 50 hannetons femelles intactes. Aucun accouplement n'a lieu.

1. Il reste courant aujourd'hui encore que de nombreux psychologues, psychanalystes et psychiatres nient ou se tiennent ignorants des découvertes accomplies dans le domaine de la psychologie animale et de l'éthologie sur les similarités qui peuvent exister entre les processus mentaux et comportementaux de l'être humain et de l'animal. Les professionnels et les chercheurs en psychologie clinique tiennent couramment à considérer leurs sujets comme des êtres radicalement coupés du reste du règne animal. Sans nier la spécificité de l'être humain en tant qu'espèce, il paraît anti-scientifique et dépassé de nier les liens biologiques et psychologiques qui le relient aux autres animaux. Cette attitude, que j'ai maintes fois observée lors de mes études et jusqu'à aujourd'hui, ne bénéficie probablement pas à l'avancée des connaissances dans le domaine de la psychologie humaine.

Dans une autre boîte où les hannetons n'ont subi aucune mutilation, il retrouve 18 couples hétérosexuels. Malheureusement, il arrête là son expérience. Ce médecin n'a pas complété ses recherches par exemple sur les comportements sexuels de groupes constitués de mâles tous intacts ou de groupes de mâles intacts mis en présence de mâles dont les antennes ont été sectionnées. Ne l'a-t-il pas fait ou n'a-t-il pas souhaité présenter ses résultats ?

Féré pense, contrairement à Gadeau de Kerville, que les mâles qui se sont déjà accouplés avec des femelles et qui sont couverts de leur odeur attirent sans doute des mâles, qui « se trompent » quand ils s'accouplent avec eux. Il se lance dans une nouvelle expérience avec trois types de hannetons qui ont tous gardé leurs antennes. L'expérimentateur utilise des insectes dits neufs qui n'ont encore jamais copulé ni avec une femelle ni avec un mâle. D'autres, nommés mâles imprégnés, voient leur appareil génital introduit artificiellement dans celui d'une femelle afin qu'il soit couvert de ses phéromones sexuelles. Enfin, des mâles appelés émérites sont ceux qui se sont accouplés précédemment avec une femelle. Le médecin a ensuite créé trois groupes.

Groupe 1 : des mâles neufs uniquement.

Groupe 2 : des mâles neufs et des mâles imprégnés artificiellement.

Groupe 3 : des mâles neufs et des mâles émérites, ayant eu récemment des rapports hétérosexuels.

Les hannetons imprégnés et émérites ont subi une ablation d'un élytre afin de les distinguer des hannetons neufs.

Voici les résultats présentés par l'auteur :

	NOMBRE des couples en expérience.	NOMBRE des accouplements homosexuels.
1° Hannetons neufs	300	0
2° Hannetons neufs et hannetons imprégnés.	208	2
3° Hannetons neufs et hannetons émérites .	210	17

Féré indique ensuite que les insectes montés par leur partenaire, nommés « passifs », sont tous sans exception des individus imprégnés dans le groupe 2, ou émérites dans le groupe 3. Parmi les hannetons émérites notamment, la rétractation du pénis dans le corps à la suite d'une première copulation a permis un nouveau rapport, homosexuel cette fois. Seuls deux accouplements, un dans le groupe 2 et l'autre dans le groupe 3, ont été le fait de deux insectes imprégnés ou émérites entre eux. L'expérimentateur tente d'expliquer le nombre important d'accouplements dans le groupe 3 par la fatigue des hannetons émérites, épuisés par un premier accouplement et qui seraient dans l'incapacité de se soustraire aux ardeurs des mâles neufs. Enfin, l'absence de rapports homosexuels dans le groupe 1 conforte l'auteur dans son hypothèse que ce sont les odeurs dégagées par les femelles qui sont responsables de ce qu'il considère comme une erreur de la part des mâles neufs.

Petits calculs d'aujourd'hui

À l'époque où Féré faisait ses expériences, ses résultats n'étaient pas confrontés à une interprétation statistique permettant de déterminer si les différences numériques constatées entre les groupes étaient significatives. Sans cette analyse, on ne peut pas confirmer que les mâles émérites sont plus prompts à l'homosexualité que les mâles neufs ou imprégnés.

Comme j'étais très curieuse de découvrir ce que la statistique moderne pourrait conclure de l'expérience de Féré, j'ai demandé leur aide à deux doctorants en éthologie, Agatha Liévin-Bazin et Maxime Pineaux, car les tests statistiques font partie de leur quotidien de thésards. Les tests statistiques effectués permettent de confirmer qu'il existe bel et bien une différence significative entre les groupes 1 et 3, d'une part, et les groupes 2 et 3, d'autre part. En d'autres termes, les hannetons qui se sont déjà accouplés avec des femelles avant l'expérience – émérites – ont plus de rapports homosexuels que ceux qui n'ont jamais eu de rapport auparavant – neufs – et ceux qui sont simplement imprégnés de phéromones féminines – imprégnés. De plus, les mâles émérites sont tous en position d'être pénétrés par leur partenaire, sauf un.

Ces résultats nous permettent de proposer une hypothèse pour expliquer les résultats obtenus par Féré. Comme nous l'avons indiqué plus haut, le mâle hanneton reste attaché un certain temps à la femelle après l'accouplement afin d'empêcher d'autres mâles de copuler avec elle. Il s'assure ainsi un meilleur succès reproducteur. L'explication de ce comportement est en adéquation avec la théorie de la compétition spermatique. Selon cette dernière, les mâles sont en compétition pour l'accès aux femelles et rivalisent donc de stratégies pour les séduire et s'accoupler avec elles.

La compétition ne s'arrête cependant pas une fois l'accouplement accompli. Elle se poursuit à l'intérieur même de la femelle, car celle-ci peut recevoir le sperme d'autres mâles qui risquent de compromettre le succès de son premier partenaire. Les mâles de nombreuses espèces dans divers groupes d'animaux mettent donc en œuvre de nombreuses tactiques pour empêcher de nouveaux mâles de s'accoupler avec « leur » femelle : par exemple, certains restent à proximité afin de repousser les intrus, tandis que d'autres posent un bouchon spermatique dans le vagin qui empêche (en théorie) l'accès à un nouveau prétendant. Nous avons vu que les hannetons mettent en œuvre une stratégie de cet ordre, en restant attachés à la femelle.

Nous pouvons supposer que les accouplements entre mâles entrent dans le cadre de la théorie de la compétition spermatique. En effet, si un mâle qui a déjà copulé avec une femelle s'accouple ensuite avec un mâle neuf, selon la terminologie de Féré, il empêche ce dernier de transmettre ses spermatozoïdes à une femelle. Le premier favorise ainsi son propre sperme, au détriment de celui du second. Comme le mâle neuf reste ensuite attaché à son partenaire entre quelques heures et une journée, il perd de nombreuses occasions de s'accoupler avec une femelle et de transmettre ses gènes à la génération suivante. Cette hypothèse expliquerait pourquoi les mâles qui se sont déjà accouplés sont ceux qui montrent le plus de comportements homosexuels. Elle mériterait d'être étudiée et testée plus avant avec les méthodes et la rigueur de la science actuelle.

Concluons ce bref historique entomologique en notant que le même type d'observations, d'arguments et de polémiques a aussi existé chez nos voisins d'outre-Rhin.

L'entomologiste et anthropologue Ferdinand Karsch (1853-1936) a même publié, en 1900, un article dans lequel il passe en revue l'ensemble des données connues à cette époque sur l'homosexualité animale. Notons également qu'au-delà du petit nombre d'articles explorés ici, connus seulement de quelques spécialistes au moment de leur parution, le sujet de l'homosexualité chez les insectes reste méconnu, confidentiel et donc largement ignoré de la plupart des savants de cette époque.

Premiers articles portant sur les mammifères et les oiseaux

Du côté des oiseaux et des mammifères, les publications scientifiques existent aussi, mais demeurent rares. Les naturalistes Raymond Rollinat (1859-1931) et Édouard Louis Trouessart (1842-1927), qui étudient la reproduction des chauves-souris et en conservent certains spécimens en captivité, nous en livrent un exemple. En 1896, dans leur article « Sur la reproduction des chauves-souris », ils mentionnent l'accouplement de sérotines communes mâles sans en faire grand cas. L'événement ne semble aucunement les troubler. Comme leur sujet porte sur la reproduction, ils considéraient peut-être que ces comportements dépassaient leur champ d'étude. Bagemihl, Vasey, Sommer et Roughgarden, auteurs qui se sont penchés le plus récemment et le plus assidûment sur le sujet, déplorent en effet que l'observation de comportements homosexuels soit souvent éludée par les chercheurs qui étudient la reproduction. Ils les considèrent souvent comme des occurrences sans rapport avec leur objet d'étude.

À peine installés dans une cage placée dans une chambre chauffée, nos trois chiroptères vont se suspendre dans un coin de la partie supérieure de leur prison : mais l'un d'eux ne tarde pas à montrer une grande agitation : son pénis est en érection, très rouge et très gros, et s'agite en tous sens. L'animal grimpe sur le dos de ses compagnons, leur saisit le dessus du cou avec ses mâchoires, à la façon des chats et des furets qui veulent s'accoupler, et passe sa verge sous leur membrane interfémorale, qui se repliait facilement sous la pression que le chiroptère exerçait au moyen de son pénis et de la partie inférieure de son abdomen. Pendant cette scène, les trois vespériens sérotines se tenaient accrochés, la tête en bas, aux parois en toile métallique de leur cage.

« Sur la reproduction des chauves-souris », 1896.

Au contraire de ses collègues français, le naturaliste britannique Joseph Whitaker (1850-1932) prend ombrage de l'apparente homosexualité de deux cygnes femelles. En 1885, dans la revue britannique *The Zoologist*, il relate ses observations et ses interventions répétées pour empêcher les deux oiseaux de nicher :

Nids de cygnes. En mars dernier, deux cygnes sont arrivés sur l'étang depuis le lac en contrebas de la maison. Dans les deux jours qui suivirent, ils ont commencé la construction d'un nid sur l'île. Quand le nid a été terminé, l'un des deux a commencé à pondre tandis que le second quittait le nid chaque matin pour accomplir les activités qui sont de la responsabilité du mâle. Après avoir pondu huit œufs (que j'ai retirés, ne voulant pas qu'ils se reproduisent, et ayant dans l'idée qu'ils étaient tous deux des femelles), l'autre oiseau resta au nid, et je trouvai un matin deux œufs, tous deux pondus pendant la nuit puisque je regardais tous les jours ; ils pondirent huit œufs de plus, puis s'arrêtèrent et les deux cygnes firent des allers-retours entre l'extérieur et le nid durant quinze jours, quand l'un des deux se posa dessus et pondit sept œufs supplémentaires. Je les retirai et ils quittèrent le nid pendant dix jours, après quoi ils en construisirent un autre de l'autre côté de l'île et pondirent un œuf, puis ils revinrent sur l'ancien nid pour y pondre trois œufs de plus, l'un des deux oiseaux se comportant encore comme un mâle. En effet, celui qui restait sur l'eau était toujours très audacieux et nageait vers quiconque se rapprochait du bord de l'étang. Je pense que le nombre d'œufs est si inhabituel, et la conduite des oiseaux si étrange, que je fais suivre ce compte rendu de leur comportement pour publication.

The Zoologist, 1885.

Les cygnes tuberculés femelles, qui sont probablement l'espèce dont parle Whitaker, pondent généralement cinq à douze œufs par nichée. L'auteur s'étonne du nombre d'œufs pondus, vingt-neuf; or ce nombre s'explique probablement par le fait que chaque femelle pondait dans le nid commun. Elles ont donc produit presque quinze œufs chacune, ce qui correspond à un nombre normal d'œufs pour des cygnes obligés de recourir à une seconde ponte. L'intervention malheureuse de Whitaker est le facteur évident qui a poussé les oiseaux à pondre de nouveau. Ce phénomène est bien connu chez de nombreuses espèces dont la première ponte échoue.

On peut regretter que Whitaker ne se soit pas contenté d'observer ce couple au lieu de s'être interposé. Il aurait pu ainsi savoir si les œufs auraient bel et bien donné des cygnons ou non, et être le premier à rapporter une reproduction réussie chez un couple d'oiseaux homosexuels. En effet, il est fréquent qu'un couple de femelles élève ensemble des petits issus d'accouplements avec un ou plusieurs mâles qui ne participent pas à leur élevage. Mais cette perspective était probablement insupportable pour ce naturaliste.

Les mœurs déviantes des combattants

L'ornithologue Edmund Selous (1857-1934) offre, quant à lui, des observations détaillées de comportements homosexuels chez les combattants variés mâles, *Philomachus pugnax*. Il a observé ces oiseaux sur leur site de nidification de Texel, une île des Pays-Bas, qui reste aujourd'hui encore un haut lieu de l'ornithologie européenne. Classé dans la famille des limicoles, ces petits échassiers qui écument plages et vasières en quête de vers marins et de coquillages, le combattant varié se fait remarquer par son dimorphisme sexuel impressionnant. L'aspect physique du mâle diffère en effet de celui de la femelle de manière frappante. Si l'on devait trouver un équivalent esthétique du combattant chez les mammifères, le lion pourrait fournir une comparaison parfaite. En effet, les plumes de la tête et du cou de l'oiseau ressemblent à une crinière que le propriétaire gonfle et exhibe devant les femelles afin de les séduire.

L'autre particularité de cette espèce est son système d'appariement. Les mâles se réunissent dans une arène où ils paradent et miment des combats. Les femelles visitent ces lieux bien particuliers afin d'observer les atouts physiques et comportementaux des mâles. Elles acceptent de s'accoupler avec celui qui semble le plus apte à transmettre les « meilleurs gènes » aux petits à naître. Puis, elles nichent et s'occupent des petits seules. Les femelles se mêlent volontiers à d'autres espèces de limicoles, tandis que les mâles ont tendance à rester entre eux, à l'écart.

Dans la plus pure tradition naturaliste du XIXe siècle, Edmund Selous passait de nombreuses heures dissimulé dans un affût à observer les combattants, afin de recueillir des données sur leur comportement de reproduction. Il les publie sous la forme d'un journal de terrain dans *The Zoologist*, en 1906. Il décrit ainsi ses observations de contacts homosexuels entre mâles :

> 20 avril. [...] Il était déjà 14 h 00 lorsque j'ai pu rejoindre mon site d'espionnage. J'ai observé jusqu'à 18 h 00, période durant laquelle des oiseaux étaient présents de temps à autre, mais (sauf une fois où rien ne se passa qui vaille la peine d'être noté), seulement des mâles, et jamais plus de six à la fois – plus souvent deux ou trois. Une grande attention portée à ces combattants – ou plutôt une attention ordinaire à distance rapprochée – montre un état de fait moins évident qu'une simple intuition pourrait le laisser supposer. Ils sont constamment, si l'on peut dire, en train de se confondre l'un l'autre avec une femelle. Entre deux oiseaux, par exemple, qui ont été inséparables depuis leur arrivée, l'un persiste, par intervalles, à tenter de conclure avec l'autre, qui, de son côté, lui permet presque, puis se comporte de manière théâtrale, au sol, dans la curieuse attitude accroupie, ébouriffe ses plumes et tend son bec en l'air

d'une manière étrange, en direction de celui qui le sollicite. Puis il se couche, calmement, à côté et parfois serré contre ce dernier, puis tout recommence. À distance, ceci pourrait être pris à tort pour un combat, mais une sexualité pervertie est ce qui se joue réellement, bien que l'instinct de lutte ordinaire puisse s'y être mêlé. En fait, les oiseaux semblent à peine se comprendre eux-mêmes, ou savoir où leurs sentiments les mènent. L'un d'entre eux court parfois vers un autre, au loin, puis revient immédiatement vers son compagnon, contre lequel il se serre, et se couche à ses côtés. Plus tard, le même couple fit deux ou trois fois une sorte de démonstration absurde, en face à face, lors de laquelle les oiseaux n'entraient pas en contact physique l'un avec l'autre et qui s'achevait en une brusque séparation.

The Zoologist, 1906.

Selous poursuit ses observations le jour suivant :

21 avril. [...] Ma principale observation durant la première partie de ma session fut une répétition de ce que j'ai noté plus tôt au sujet de la perversion sexuelle, telle qu'elle est appelée – un terme qui permet d'éviter de réfléchir –, de ces combattants, ou de certains d'entre eux. Je n'ai pas besoin de noter de nouveau ce que j'ai déjà décrit, car il s'agissait de la même chose exactement, et qui concerne aussi – ce qui me paraît intéressant – les membres du même duo d'oiseaux. De même, quand l'un poursuivit l'autre (ceci est un second exemple), et qu'il l'attrapa, il me sembla davantage motivé par la concupiscence que par la belligérance, s'il ne s'agit pas finalement, comme c'est probable, d'un mélange des deux.

The Zoologist, 1906.

Outre les informations comportementales qu'il renferme, le compte rendu de Selous retient notre attention, car l'ornithologue semble s'interroger sur la notion de perversion sexuelle quand il dit que ce terme « permet d'éviter de réfléchir ». Sa formule paraît être une manière indirecte de remettre en cause la labellisation simpliste de ces comportements sous le terme fourre-tout de « perversion ». Selous est étonné par ce qu'il observe et il s'interroge sur l'existence de tels comportements sans les rejeter automatiquement dans le champ de l'anomalie ou de la pathologie. Il est frappant qu'il se pose la question du vocabulaire employé, comme s'il avait l'intuition que le sujet méritait une attention réelle au lieu d'être simplement étiqueté comme une déviance sexuelle.

XXe siècle scientifique, mais plein de préjugés

Cette manière de présenter les comportements homosexuels va cependant rester la norme au cours du XXe siècle et empêcher une véritable réflexion sur leur sens biologique. Présenter une revue complète des recherches parues au cours de ce siècle reviendrait à proposer un catalogue où se répète le même type de données et d'analyses. À la manière de Bruce Bagemihl, on se contentera d'extraire un certain nombre de titres de publications qui illustrent le fait que l'homosexualité animale était et reste parfois traitée comme une anomalie, une bizarrerie, ou encore une pathologie. En cela, elle semblait digne d'être rapportée, sans pour autant devenir l'objet d'une véritable étude, comme l'était l'hétérosexualité. Voici une liste non exhaustive des titres que l'on pouvait lire au cours du XXe siècle : *Perturbations du sens sexuel chez les babouins* (1922), *Comportement pseudo-masculin chez une femelle bengali* (oiseau) (1957) ; *Comportement sexuel aberrant chez l'autruche sud-africaine* (1972) ; *Comportement sexuel anormal chez la femelle de Hemiechinus auritus syriacus* (hérisson à grandes oreilles) (1981) ; *Note sur l'abaissement apparent des standards moraux chez les lépidoptères* (1987) ; *Pseudo-copulation dans la nature chez un lézard unisexuel* (1991). Si l'emploi de telles expressions n'étonnerait pas sous la plume d'auteurs du XIXe siècle, il est toutefois surprenant de continuer à les lire dans les années 1980 et 1990, dans des revues scientifiques sérieuses et sous la plume de chercheurs respectés.

L'emploi de formules telles que « fixation sexuelle atypique », « non-sens sexuel » ou « comportement sexuel inapproprié », utilisées dans la littérature jusqu'en 1998, est révélateur du traitement réservé aux comportements homosexuels observés chez les animaux. De même, utiliser les termes de « pseudo-copulation » ou de « comportement pseudo-masculin » constitue une négation de l'existence d'un comportement homosexuel en tant que tel. En considérant l'homosexualité comme une déformation de la norme que serait l'hétérosexualité, les scientifiques se privent d'un champ d'exploration primordial pour la compréhension du comportement sexuel et de la reproduction dans le monde animal. L'objectivité scientifique voudrait que ces occurrences soient considérées comme des comportements sexuels parmi d'autres, sur lesquels les chercheurs s'interrogent dans le cadre de la théorie de l'évolution.

Cette attitude est celle qui est employée pour n'importe quel autre comportement, par n'importe quel biologiste du xxe ou du xxie siècle. Mais dans le cas de l'homosexualité animale, il n'en est rien jusqu'à la toute fin du xxe siècle. Les scientifiques sont d'abord des êtres humains, fortement influencés par les valeurs morales et les croyances de leur époque.

Un xxie siècle toujours en proie aux stéréotypes

Dans le chapitre II, nous présentons une étude de 2013 sur le comportement homosexuel des insectes et des arachnides (voir p. 84). Dans leur article, les chercheurs Inon Scharf et Oliver Martin utilisent les vocables « mâles actifs » (ceux qui font la cour et qui montent leur partenaire) et « mâles passifs » (ceux qui sont courtisés et montés). On ne peut s'empêcher de remarquer le caractère rétrograde de l'utilisation de ces termes. Cette qualification des individus se fonde sur des stéréotypes culturels, qui considèrent l'individu qui pénètre comme actif et dominateur, tandis que celui qui est pénétré serait passif et dominé. Ce vocabulaire est l'expression de préjugés touchant à la sexualité hétérosexuelle aussi bien qu'homosexuelle.

On n'affirmera jamais assez que l'utilisation, même inconsciente, de ces considérations à la fois anthropomorphiques et machistes ne peut que nuire à l'objectivité scientifique de ces chercheurs. Surtout, leur interprétation est biologiquement fausse : dans la grande majorité des cas et des espèces, l'individu pénétré doit consentir *activement* au rapport sexuel afin que la copulation puisse avoir lieu, l'animal courtisé pouvant facilement se soustraire à un rapport.

Si nous reprenons le cas classique du hanneton, on se souvient que le mâle qui pénètre son partenaire entre en état de torpeur après le rapport sexuel et se laisse promener par son compagnon. Dans ce cas, qui est « actif » et qui est « passif » ? Il est aisé de trouver une alternative aux mots actif/passif. Je proposerai par exemple de nommer les postures des mâles « A » et « B », en les définissant clairement. L'utilisation de termes neutres est courante pour l'observation de nombreux comportements. Pourquoi en irait-il autrement quand il s'agit de sexualité ? De même, les auteurs emploient le mot « erreur » pour parler du comportement homosexuel des insectes. Ils ont la précaution de le mettre entre guillemets, apparemment conscients qu'il n'est pas tout à fait approprié. Mais ils font tout de même le choix d'utiliser un vocabulaire qui sous-entend que le comportement observé se situe en dehors d'une norme prédéfinie.

Ces auteurs parlent également d'« opportunité valide », sans guillemets cette fois, pour désigner l'accouplement hétérosexuel. Ils considèrent donc d'emblée le comportement homosexuel comme non valide. En effet, ils se proposent dans les premières lignes de leur article de rechercher dans quelle mesure le comportement homosexuel présente une valeur adaptative positive chez des insectes et arachnides. Mais les termes utilisés nient par avance l'éventualité que ces comportements puissent apporter un quelconque avantage. Ils dévaluent ainsi la portée scientifique de leurs résultats. Il est étonnant que Scharf et Martin n'aient pas porté plus d'attention à cette question de vocabulaire, dans la mesure où ils citent les travaux de Bagemihl, Vasey et Sommer, des auteurs qui, eux, mettent en garde contre l'utilisation de tels termes.

Quand les manchots bousculent les idées préconçues

L'histoire insolite des manchots du zoo d'Édimbourg illustre à quel point les idées préconçues sur la sexualité influencent le regard porté sur les comportements animaux et leur interprétation. En 1917, le parc zoologique écossais s'enorgueillissait d'héberger un groupe de cinq manchots royaux. Leur vie quotidienne et leurs relations « amoureuses » et sexuelles sont décrites dans un livre paru en 1932, intitulé *A Book of King Penguins* (non traduit en français), écrit par le directeur du zoo, T. H. Gillespie. Dans le style d'un journal naturaliste, l'auteur rapporte notamment ses observations relatives à la reproduction des manchots. Le zoo espérant être le premier au monde à accueillir des poussins nés en captivité, le directeur et les gardiens tentaient par tous les moyens de procurer aux oiseaux les meilleures conditions de vie possible, afin de voir la petite colonie s'agrandir. Destinée au grand public britannique, cette chronique est ponctuée de nombreuses remarques anthropomorphiques qui étaient très courantes à l'époque dans la plupart des comptes rendus, scientifiques ou non.

Avant d'évoquer les aventures rocambolesques des manchots, une parenthèse s'impose. Chez de nombreuses espèces d'oiseaux, l'aspect physique extérieur des mâles et des femelles est identique : ils ne diffèrent ni par leur plumage ni par leur taille. Ainsi, nombre de recherches éthologiques sur la reproduction des oiseaux déduisent le sexe de leurs sujets d'étude de leur comportement. L'animal qui monte son partenaire est identifié comme mâle, tandis que celui qui est monté est considéré comme femelle. Il est inutile de souligner les présupposés d'une telle approche.

Les manchots font partie de ces oiseaux pour lesquels il est impossible de détecter le sexe des individus au premier coup d'œil. Seule l'observation d'un manchot en train de pondre permet de déterminer qu'il s'agit bien d'une femelle. En revanche, aucune observation comportementale ne permet d'identifier un mâle avec certitude. Seules la dissection ou des analyses ADN permettent de donner des réponses sûres. Dans le cas des manchots royaux du zoo d'Édimbourg, on comprend aisément que les soigneurs ne les aient pas disséqués dès leur arrivée afin de connaître leur sexe. Dans les années 1920, les tests ADN n'existaient pas non plus. Le directeur et ses employés s'en remettaient donc au « bon sens » afin de différencier mâles et femelles.

Notre histoire commence avec l'appariement de deux manchots appelés Andrew et Caroline. Gillespie explique dans son livre qu'il a attribué un sexe à chaque animal en fonction de son comportement. Andrew est supposé mâle, car il semble être celui qui « prend des initiatives », tandis que Caroline paraît « s'ennuyer » face aux avances de son prétendant. Non content de faire la cour à Caroline, Andrew s'intéresse également à Bertha, qui est donc désignée comme femelle. Ce comportement « infidèle » est considéré par l'auteur comme tout à fait masculin. Les trois oiseaux forment donc un trio. Mais quelle n'est pas la surprise de Gillespie un beau jour d'octobre 1917, lorsqu'il voit Caroline et Bertha se faire la cour puis s'accoupler ! Il n'en croit pas ses yeux et qualifie les faits de « plutôt déconcertants et perturbants pour ses conclusions » relatives aux sexes des animaux. Mais, à ce stade de l'histoire, il ne s'interroge pas plus avant.

Deux autres manchots complètent le groupe : Eric et Dora. Soudain, le 8 juillet 1918, on observe qu'un œuf repose sur les pieds de Caroline. Personne n'avait assisté à la ponte. Les manchots royaux ne construisent pas de nid et portent leur unique œuf sur leurs pattes ; ils le recouvrent par un pli de la peau du ventre, ce qui permet de maintenir l'œuf en place et au chaud. Les parents s'échangent la responsabilité de prendre soin de leur future progéniture à tour de rôle. Ils peuvent se déplacer avec leur fragile chargement, mais restent souvent immobiles afin de ne pas risquer un accident. L'œuf d'Andrew et de Caroline connut un destin funeste puisqu'il fut cassé sans que l'on sache comment.

La détresse des amants séparés

L'année suivante, en 1919, Caroline est de nouveau observée avec un œuf sur ses pieds, et Andrew est à ses côtés. Comme les autres manchots sont souvent très intéressés par l'arrivée d'un œuf et que cela mène parfois à des querelles et à des tentatives de vol, on décide d'isoler le couple dans un autre enclos. Cette décision perturbe Andrew qui, séparé de Bertha, crie sans cesse et montre des signes de détresse. De son côté, Bertha « proteste » aussi toute la journée depuis son enclos. De peur que l'œuf ne souffre de cette situation, Caroline et Andrew sont finalement remis en présence de leurs congénères. L'œuf finit par éclore et ce poussin manchot royal fut le 1er à naître en captivité.

L'énigme de l'œuf

À l'été 1920, Caroline et Andrew sont de nouveau observés en train de s'accoupler, Eric et Dora également. Eric se comportait comme un mâle aux yeux de Gillespie, c'est-à-dire qu'il montait sur Dora, elle-même identifiée comme femelle. Deux œufs sont pondus, un pour chaque couple. Celui d'Andrew et Caroline finit par être abandonné, car non fécondé. La même mésaventure arrive à l'œuf du second couple. C'est l'été suivant, en 1921, qu'un doute commence à s'instiller dans l'esprit des observateurs humains.

Cette année-là, la dynamique des couples change. Ainsi, Caroline et Eric s'associent, de même que Dora et Bertha. Le premier couple pond un œuf, mais il est cassé quelque temps plus tard. Le second incube aussi un œuf pendant huit semaines. Comme il n'éclot pas, il leur est retiré et on constate qu'il contenait un poussin mort. L'équipe du zoo en est très surprise. Comment deux femelles pouvaient-elles se trouver en possession d'un œuf fécondé ? Gillespie imagine qu'un échange malencontreux a dû se produire après une bagarre avec l'autre couple. Pour un temps, ses doutes sont ainsi apaisés.

Une autre énigme vient cependant troubler le directeur. Pendant un temps, on a isolé Andrew des autres manchots, car il jouait les fauteurs de troubles à la suite de sa double séparation d'avec Caroline et Bertha, et les gardiens craignaient qu'il ne casse des œufs. Une fois assurés qu'il ne causera plus de dommage, les gardiens le replacent avec les autres manchots du groupe. Et c'est ainsi qu'un jour on le découvre en train d'incuber un œuf. D'où vient cet œuf ? L'a-t-il volé à l'une des femelles ? La question reste sans réponse et, quelques jours plus tard, en grimpant imprudemment sur les rochers, Andrew casse son œuf. La casse est décidément bien trop fréquente.

Le mystère s'épaissit

En 1922, on décide de réaménager l'enclos des cinq manchots royaux afin de permettre une meilleure surveillance et la protection des futurs poussins. Une fois appariés, les couples en possession d'un œuf sont donc séparés des autres dans de petits enclos couverts de gazon. Cette année-là, Caroline et Dora s'accouplent. Bien que toutes deux soient considérées comme des femelles, elles sont transférées dans l'enclos spécial. Dora pond un œuf et il semble aux gardiens qu'elle s'en désintéresse, laissant tout le travail d'incubation à Caroline. La décision est donc prise de séparer les deux femelles et de remplacer Dora par Andrew – ce dernier étant apparemment considéré comme le partenaire « légitime » de Caroline. Mais, Andrew, lui aussi, laisse Caroline incuber l'œuf toute seule.

L'affaire se corse subitement lorsqu'un jour on observe Caroline et Andrew en train d'incuber chacun un œuf! Gillespie se pose alors sérieusement la question du sexe d'Andrew. Comme cet œuf est infertile, on laisse Andrew en compagnie de Caroline, mais dans un enclos séparé, juste à côté d'elle. Pendant ce temps, Dora semble avoir jeté son dévolu sur Bertha. Le zoo d'Édimbourg se transforme peu à peu en une émission de télé-réalité avant l'heure, tenant en haleine les spectateurs. Dora et Bertha sont bientôt en possession d'un nouvel œuf, infertile lui aussi. De l'œuf couvé par Caroline naît un poussin, mais, trop faible, il ne vit que quelques jours.

Andrew change de nom, mais pas de sexe

La révélation finale du véritable sexe d'Andrew se produisit quelque temps plus tard quand on le découvrit de nouveau en possession d'un œuf. Isolé dans son enclos personnel, il n'avait pu se le procurer que d'une seule façon : en le pondant lui-même ! C'est ainsi qu'Andrew devint Ann. Les certitudes antérieures furent enfin remises en question, on s'aperçut que seul le sexe de Dora avait été correctement identifié. Tous les autres manchots étaient du sexe opposé à celui qui leur avait été attribué. Caroline devint Charles, Eric, Erica et Bertha, Bertrand.

Ainsi, des couples considérés comme homosexuels étaient bel et bien hétérosexuels et réciproquement. Ceux que ce récit a amusés peuvent se distraire encore en le relisant avec ce nouvel éclairage. Ils verront alors se dévoiler une tout autre interprétation des relations entre ces manchots. Cet exemple aux accents comiques nous apprend notamment que, au-delà de l'attribution d'un sexe biologique aux animaux observés, les humains les avaient aussi affublés d'un genre : ainsi, le manchot qui se trouvait dans une posture d'accouplement évoquant la soumission était identifié comme une femelle. De même, Gillespie qualifiait Caroline de bonne mère, car elle passait des heures à s'occuper de son œuf, tandis qu'Andrew était un mari volage et inconscient qui ne s'occupait pas bien de sa progéniture. Ces stéréotypes ont été renversés après la révélation du sexe véritable des oiseaux. Ann est devenue une mère indigne, tandis que Charles était l'incarnation du père de famille exemplaire. Il semble donc que la leçon donnée par les manchots n'ait pas totalement profité à l'auteur, réticent à chambouler complètement ses présupposés.

Il est toutefois à porter au crédit de Gillespie que, bien qu'il s'étonne des comportements homosexuels des manchots, il ne les condamne à aucun moment. Il ne les qualifie pas non plus de pervers ou d'anormaux. Cet exemple illustre à nouveau que s'abstraire des préjugés que nous portons tous en nous, s'astreindre à l'observation la plus objective possible et s'abstenir de toute conclusion hâtive est à la base de toute étude scientifique fiable; sans ces précautions, les données recueillies perdent toute valeur.

Ce n'est qu'en ces premières années du XXIe siècle qu'une véritable étude scientifique sur l'homosexualité animale a commencé d'être entreprise. Il reste à exposer comment les chercheurs tentent maintenant d'expliquer et d'intégrer ces comportements dans la perspective de la théorie de l'évolution.

II.

Comprendre l'homosexualité animale

Au-delà de toutes les querelles qui ont pu opposer et opposent encore les religions judéo-chrétiennes et la théorie de l'évolution, un point considéré comme une loi naturelle les réunit : le but ultime des êtres vivants serait la procréation. Dans le cadre théorique darwinien, chaque être vivant, qu'il soit un cèpe de Bordeaux, un prunier, un babouin ou un être humain, serait mû par une volonté inconsciente de maximiser son succès reproducteur. Ainsi, les actions de chacun seraient conditionnées par le même objectif : produire le plus de descendants possible en bonne santé, qui seront capables de transmettre eux aussi leurs gènes à la génération suivante.

Dans cet ordre d'idées, la théorie controversée du gène égoïste de Richard Dawkins va jusqu'à affirmer que ce sont les gènes eux-mêmes qui dictent les comportements des animaux et des êtres humains dans le seul et unique but de survivre et d'être transmis de génération en génération[1]. Cependant, malgré la solidité de sa théorie, Charles Darwin lui-même pressentait qu'elle achoppait sur un point essentiel. Il écrit dans sa sixième édition de *L'Origine des espèces* que le cas des insectes infertiles semble constituer une difficulté insurmontable et même fatale pour sa théorie. Il fait allusion aux ouvrières chez les fourmis ou les abeilles, qui possèdent des organes sexuels non développés et qui ne se reproduisent donc pas. Heureusement, il n'abandonna pas sa théorie pour autant. Avec l'essor de la science, dans les années 1960 et 1970, de nombreuses recherches sur ce sujet vinrent proposer des hypothèses à même de résoudre ce paradoxe.

Ceux qui ne se reproduisent pas

La sociobiologie d'E. O. Wilson, les théories de la reproduction coopérative et celle de la sélection de parentèle de William D. Hamilton montreront en effet que certains animaux renoncent à procréer eux-mêmes afin d'aider des membres de leur groupe, avec lesquels ils possèdent des liens génétiques, à se reproduire. Ces individus transmettent donc une partie de leurs gènes de manière indirecte. Dans l'exemple des sociétés d'abeilles domestiques, les ouvrières sont toutes les filles de la reine. En concourant à l'élevage de leurs sœurs (ouvrières et futures reines), avec lesquelles elles partagent 50 % de leurs gènes, elles assurent la transmission

1. Cette théorie est notamment remise en cause par la biologiste Joan Roughgarden, qui a développé le concept de gène généreux et qui examine l'importance de la coopération dans le processus évolutif.

de leur patrimoine génétique aux générations suivantes. De nombreux exemples qui confortent ces théories ont été étudiés dans le monde animal.

Cependant, l'homosexualité vient elle aussi secouer les fondations de la théorie de l'évolution, car elle ne semble pas, à première vue, favoriser la reproduction de l'espèce. De plus, elle bouscule le pilier théorique sur lequel la majorité des biologistes s'appuient pour expliquer le comportement sexuel : la sélection sexuelle. Cette dernière est indissociable de la théorie de l'évolution. Darwin a décrit le processus de la sélection sexuelle en ces termes : les mâles n'ont pas tous la même capacité à trouver une partenaire. Une compétition se met alors en place entre eux. Ils s'affrontent et paradent devant les femelles afin qu'elles les choisissent comme partenaires. Le « but » de chaque mâle est de montrer aux femelles qu'il constitue un « bon choix », qu'il porte en lui les « bons gènes », ceux qui leur permettront de donner naissance à des petits viables.

Une deuxième forme de compétition émerge entre mâles et femelles, mais là leurs intérêts sont différents. D'une part, les mâles produisent de nombreux spermatozoïdes, tandis que les femelles disposent d'un nombre d'ovules limité. L'objectif du mâle est donc de s'accoupler avec le plus de femelles possible afin d'optimiser la transmission de ses gènes. De son côté, la femelle doit sélectionner attentivement le mâle avec lequel elle s'associe afin de donner de bonnes chances de survie à ses petits. D'autre part, selon la théorie de l'investissement parental décrite par le biologiste de l'évolution et sociobiologiste Robert Trivers en 1972, les femelles s'impliquent plus dans le soin aux jeunes que les mâles. Ponte, incubation ou gestation leur incombent, à quoi s'ajoute, dans le cas des mammifères, la lactation, qui demande une dépense d'énergie importante.

La femelle investit donc beaucoup dans la reproduction par rapport au mâle, qui ne fait que s'accoupler avant de partir vers de nouvelles conquêtes. Cela vaut pour les espèces dites typiques, chez lesquelles les femelles consacrent plus d'énergie que les mâles à la reproduction. Chez les espèces atypiques, comme les hippocampes ou les autruches, ce sont les mâles qui endossent le rôle de l'incubation et de l'élevage des petits. Dans ces cas-là, ce sont les femelles qui multiplient les partenaires et les mâles qui s'engagent le plus dans le soin aux jeunes. Enfin, chez de nombreuses espèces, notamment chez les oiseaux, l'investissement parental est équivalent entre les deux sexes. La théorie de Trivers peut s'appliquer à tous les cas de figure, en l'adaptant simplement au type de reproduction de l'espèce étudiée.

La théorie de l'évolution bousculée

Quoi qu'il en soit, l'idée qui fonde les théories de la sélection sexuelle et de l'investissement parental est la suivante : sexualité = reproduction. Dans ce cadre théorique, chaque animal devrait choisir un partenaire sexuel dans le seul et unique but de se reproduire le plus et le mieux possible. Cependant, comme de nombreux animaux choisissent des partenaires du même sexe, l'objectif immédiat de ce type de comportement stérile ne peut être la procréation. À première vue, l'homosexualité constitue une grande difficulté face à la théorie de l'évolution. Cet état de fait, ajouté aux préjugés socio-culturels, peut expliquer la réticence des scientifiques à considérer ces comportements comme de véritables objets d'étude. Comme l'homosexualité animale n'entre pas directement dans le cadre théorique en vigueur, il est parfois plus facile et plus sûr de l'éluder tout à fait, plutôt que de la considérer comme un défi scientifique. Il s'agit pourtant d'une quête stimulante et nécessaire qui aboutira à une meilleure compréhension du vivant. Et c'est avec plus ou moins de bonheur, comme nous le verrons, que des chercheurs se sont attachés à intégrer l'homosexualité animale dans un cadre évolutionniste.

Comprendre l'éthologie

L'éthologie s'attache à l'étude du comportement et émet les hypothèses naissant de cette structure théorique. Nikolaas Tinbergen (1907-1988), l'un des fondateurs de l'éthologie aux côtés de Konrad Lorenz (1903-1989) et de Karl von Frisch (1886-1982), explique que le comportement peut être étudié à quatre niveaux différents :

Niveau 1 : le processus physiologique qui permet l'expression du comportement.

Niveau 2 : la raison d'être du comportement pour la survie et la reproduction (fonction).

Niveau 3 : le développement du comportement chez l'individu, nommé ontogénie.

Niveau 4 : les raisons qui ont conduit à l'apparition et au maintien d'un comportement au cours de l'histoire évolutive d'une espèce, appelées phylogénie.

Les questions 1 et 3 veulent expliquer *comment* un comportement s'exprime, tandis que les questions 2 et 4 se demandent *pourquoi* il existe.

Illustrons cela à partir d'un exemple : le chant des oiseaux mâles.

Hypothèses :

Niveau 1 : un oiseau mâle chante grâce aux contractions musculaires qui entraînent la vibration de leur organe vocal, la syrinx.

Niveau 2 : le mâle chante pour attirer et séduire une femelle afin de s'accoupler avec elle et se reproduire.

Niveau 3 : le chant apparaît à un âge précis qui correspond à la maturité sexuelle de l'oiseau.

Niveau 4 : au cours de l'évolution, les mâles qui se sont mis à chanter ont attiré des femelles avec plus de succès que ceux qui ne chantaient pas. Ils se sont donc davantage reproduits, transmettant ainsi leur qualité de chanteur aux générations suivantes, jusqu'à aujourd'hui.

Imaginons maintenant que ce même oiseau forme un couple avec un autre mâle.

Niveau 1 : le système nerveux, les muscles et le squelette interagissent chez chacun des deux oiseaux afin de prendre des postures qui autorisent la copulation.

Niveau 2 : les accouplements entretiennent un lien mutuel qui permet au couple d'élever ensemble une couvée dont l'un des deux partenaires est le géniteur. Ils permettront de donner naissance à une génération nouvelle d'oisillons de leur espèce.

Niveau 3 : l'exposition à certaines hormones prénatales induisent un comportement homosexuel.

Niveau 4 : au cours de l'évolution, l'apparition de comportements homosexuels a permis l'élevage de couvées qui n'auraient pas survécu en l'absence de tels couples. Comme l'un des deux parents est souvent le géniteur des oisillons, il a transmis le trait biologique à ses descendants de génération en génération.

Bien entendu, les explications données ici ne sont que des hypothèses fournies à titre d'exemples et ne constituent pas des réponses définitives aux questions posées.

Comme le signalent Volker Sommer et Paul Vasey dans leur ouvrage *Homosexual Behaviour in Animals. An Evolutionary Perspective* (non traduit en français), aucune analyse tinbergienne complète du comportement homosexuel n'a encore été menée sur une quelconque espèce animale. Mais certaines de ces questions ont cependant été examinées chez de nombreuses espèces et ont donné lieu à diverses hypothèses.

Au sujet de la physiologie et de l'ontogénie ou de la question du *comment*, plusieurs études expérimentales se sont penchées sur les versants hormonaux, neurobiologiques et génétiques qui influencent des comportements homosexuels (voir p. 118 et suivantes le cas des lézards unisexuels). L'analyse du *pourquoi* se divise en deux branches. D'un côté, les fonctions possibles des comportements homosexuels : à quoi « servent-ils » ? De l'autre, leur histoire au cours de l'évolution : pourquoi ont-ils été sélectionnés et se sont-ils maintenus ? La liste présentée ci-après ne se veut pas exhaustive, mais rend compte des principales hypothèses exposées dans les différents ouvrages et articles scientifiques consacrés au sujet, ainsi que de propositions et d'analyses personnelles.

Les fonctions possibles et supposées de l'homosexualité animale

Exprimer une dominance

Pour les tenants de cette hypothèse, la monte serait avant tout une expression de la dominance d'un individu sur un autre, reflétant le statut social de chacun. Le rapport homosexuel constituerait un comportement ritualisé permettant d'éviter le recours à l'agression. L'animal qui monte serait le dominant, tandis que celui qui est monté serait le dominé. Il est plutôt aisé de tester cette hypothèse, puisqu'il suffit de comparer le rang social des individus à celui qu'ils jouent lors de la copulation. S'ils servaient à réduire l'apparition d'agressions, les comportements homosexuels devraient aussi apparaître plus fréquemment dans des contextes où la tension est forte au sein du groupe. Cela semble vrai chez certaines espèces de primates, comme les femelles saïmiris et macaques à face rouge.

Cependant, cela ne constitue pas une règle. La plupart des études explorant cette hypothèse montrent que, même si cela ne représente pas la majorité des cas, les subordonnés montent fréquemment des congénères de rang supérieur. Ainsi, une étude menée en Inde sur des singes langurs sauvages a montré que, dans un quart des rapports homosexuels entre femelles, celle qui monte est de rang inférieur à celle qui est montée. Chez les mâles, cette proportion s'élève à 33 %. De plus, il est fréquent qu'un animal sollicite un congénère pour qu'il le monte, ce qui invalide l'idée que le rapport sexuel serait en quelque sorte imposé par un dominant.

On voit bien ici que l'hypothèse de la dominance est enracinée dans une croyance selon laquelle la « place de la femelle » serait forcément d'être soumise et « celle du mâle » d'occuper une position de force et de contrôle. Ce stéréotype est contrarié par les données recueillies sur le terrain chez plusieurs espèces telles que le gorille, les macaques japonais et les macaques rhésus. Chez les bonobos, les subordonnés sollicitent plus fréquemment les individus dominants pour un rapport sexuel, l'inverse s'observant également. Dans une étude sur les comportements homosexuels des daims, des cerfs élaphes et des cerfs de Virginie, les auteurs observent que ce sont les subordonnés qui montent les dominants le plus fréquemment. Une autre limite à cette hypothèse tient à ce qu'elle tente de nier la nature sexuelle des interactions pour les ramener à un simple contexte social et rituel. De même, elle élude tout l'éventail des rapports homosexuels en jeu : caresses diverses, contacts oraux-génitaux, frottements, autant de relations où il n'y a ni « monteur » ni « monté ».

Si l'on considère que les contacts homosexuels sont des outils prévenant des agressions, il faut aussi prendre en compte les études montrant qu'ils se produisent en dehors de tout contexte de tension sociale, comme par exemple chez les macaques rhésus, les macaques japonais, les macaques à face rouge, les babouins et les bonobos. Parfois, ce sont les dominés qui montent les dominants à la suite d'une interaction agressive et non l'inverse. Enfin, l'hypothèse de la dominance ne peut être invoquée pour des animaux qui ne vivent pas en groupes sociaux hiérarchisés, comme c'est le cas de la plupart des oiseaux. Ainsi, si la dominance semble parfois impliquée dans l'apparition de comportements homosexuels, elle ne peut en aucun cas constituer une explication définitive. Elle serait par trop simpliste et réductrice.

Réguler les tensions sociales

Dans cette hypothèse, les rapports homosexuels constitueraient une méthode de gestion des conflits. Chez les bonobos, il est bien connu que les rapports sexuels, de toute nature, permettent de désamorcer les situations conflictuelles. De fait, les comportements homosexuels sont souvent liés à l'alimentation. Quand la source de nourriture est monopolisée par certains ou qu'elle est restreinte dans l'espace, les relations homosexuelles permettent à celles et ceux qui ne sont pas les premiers servis d'obtenir des aliments. De même, quand un conflit s'engage entre deux femelles, il se résout fréquemment par un rapport sexuel. Le plaisir procuré servirait en quelque sorte de fusible afin de stopper l'agression.

Cette fonction du comportement homosexuel semble apparaître chez de nombreuses autres espèces dans des contextes analogues. Chez les bœufs domestiques, l'accouplement entre mâles augmente dans les situations de stress liées à un manque alimentaire ou à la modification de la composition du groupe. Chez les pics glandivores, qui se rassemblent le soir en dortoir, on observe aussi des rapports homosexuels qui seraient liés au stress occasionné par la nécessité de trouver une place pour dormir.

Se réconcilier

Dans le même champ de réflexion autour de la gestion des conflits, les comportements homosexuels seraient une manière pour les animaux de restaurer des liens sociaux cordiaux quand l'agression n'a pu être évitée. Si cette hypothèse était vraie, on devrait observer plus de rapports homosexuels après une agression qu'avant. Cela semble attesté chez certaines espèces de macaques, mais l'explication ne tient pas chez les bonobos. Une étude sur ces grands singes à l'état sauvage a montré que les frottements génito-génitaux entre femelles augmentaient après une agression, mais que la plupart de ces rapports avaient tout de même lieu en dehors de tout contexte conflictuel. De plus, et comme les deux hypothèses précédentes, celle de la réconciliation n'est valable que pour des animaux sociaux.

Renforcer les liens sociaux

Les relations homosexuelles entre certains partenaires leur permettraient d'entretenir des liens étroits, des relations durables, et serviraient à promouvoir le lien social dans les sociétés animales. Les anthropologues John Watanabe et Barbara Smuts ont montré que les babouins olive mâles se caressent mutuellement les organes génitaux dans le cadre d'une série de comportements rituels où ils s'embrassent, se présentent et se tiennent l'arrière-train, et se montent. Dans cette société où les singes entretiennent souvent des rapports agressifs, ce cérémonial homosexuel serait une façon de tisser des liens.

En effet, en donnant accès à leurs parties les plus vulnérables à un congénère, les animaux signeraient une sorte de pacte de confiance. Ainsi entretiendraient-ils des relations sociales saines qui encourageraient la coopération plutôt que le conflit. Toutefois, Vasey et Sommer expliquent à juste titre que le toilettage est un outil de lien social largement utilisé par les primates, moins risqué que de présenter ses parties génitales à un congénère dont les réactions sont imprévisibles. L'exemple des babouins olive semble être une exception, et le toilettage est plus communément utilisé pour entretenir des liens entre les individus d'un groupe.

Former des alliances

Cette hypothèse prolonge la précédente et envisage la possibilité que certains mâles entretiennent des rapports homosexuels dans le but de s'allier afin de mieux se défendre en cas de conflit avec d'autres mâles. Il s'agirait d'une forme de relation plus forte encore que le simple lien social. Quand un membre de cette alliance a des démêlés avec un congénère, son allié vient à la rescousse. Ce phénomène a notamment été observé chez les babouins olive mentionnés plus haut. Les mâles qui se livrent aux rituels comportementaux homosexuels se portent mutuellement assistance lorsqu'ils se trouvent en difficulté face à d'autres membres du groupe. Entretenir un tel lien représente un avantage certain en termes de survie. Un mâle seul peut aisément être blessé lors d'une bagarre, tandis que deux individus alliés seront plus forts et mieux à même de maîtriser une situation potentiellement dangereuse. Ainsi, le risque encouru par le fait de rendre ses parties génitales vulnérables en les présentant à un autre mâle est contrebalancé par le gain apporté par la formation d'une alliance.

Les grands dauphins sont aussi adeptes de ce type de relations qui entretiennent la confiance entre mâles et leur permettent de s'associer, notamment pour un meilleur accès aux femelles (voir p. 129). Si ces systèmes d'alliances homosexuelles semblent confirmés chez les espèces citées ici, ils ne constituent cependant pas une norme que l'on pourrait généraliser. Cette hypothèse a notamment été infirmée chez les bonobos, les macaques japonais, les cerfs et les langurs.

Prodiguer des soins aux jeunes

Toujours en ce qui concerne la coopération, un parent entretiendrait des relations homosexuelles avec un congénère afin qu'il l'aide dans ses tâches parentales. Cette idée s'appliquerait particulièrement aux couples d'oiseaux qui ne peuvent élever seuls leurs petits et ont besoin de s'associer à un partenaire afin de mener à bien leur saison de reproduction.

Il est des cas où les colonies de goélands comprennent moins de mâles que de femelles. Ainsi, certaines femelles sont fécondées par des mâles qui sont déjà en couple et ne peuvent s'occuper de deux nids à la fois. Une femelle ne peut pas défendre un nid seule, car dès qu'elle s'absente pour aller se nourrir, ses œufs risquent fortement d'être détruits par d'autres goélands. Ainsi, deux femelles peuvent se mettre en couple afin d'échanger des services parentaux et se reproduire avec succès. Cette hypothèse ne peut être invoquée que dans le cas où les ratios mâles/femelles sont déséquilibrés. Or, des couples de femelles existent aussi chez des espèces qui ne subissent pas de pénurie de mâles, comme les oies des neiges. Ces observations remettent même en cause l'hypothèse précédente, et l'existence d'un ratio mâles/femelles déséquilibré n'est peut-être pas la seule explication possible pour les couples homosexuels chez les goélands.

De même, cette hypothèse du soin au jeune n'est pas valide pour l'ensemble des espèces, car elle est réfutée pour les macaques japonais. En effet, les femelles peuvent être agressives envers les petits de leur partenaire homosexuelle.

Sélection de parentèle

Comme nous l'avons vu, certains individus renonceraient à se reproduire eux-mêmes pour accompagner et favoriser la reproduction de leurs proches parents génétiques (voir p. 66-67). Dans le cas d'un animal homosexuel, il s'abstiendrait de transmettre 50 % de ses gènes à la génération suivante au profit, par exemple, de l'élevage des petits de ses frères et sœurs. Il transmettrait ainsi indirectement 25 % de son patrimoine génétique à chaque neveu ou nièce viable. S'il aide sa fratrie à élever deux petits, il atteint donc 50 % de gènes transmis, comme s'il s'était reproduit lui-même. Si cette hypothèse n'est pas à négliger, elle fait cependant fi du fait que les animaux qui s'engagent dans des comportements homosexuels ne sont que très rarement strictement homosexuels et doivent plutôt être considérés comme bisexuels. Par conséquent, ils ne sont pas exclus de la reproduction et transmettent leur patrimoine génétique aux générations suivantes.

Attirer un partenaire hétérosexuel

Une hypothèse hasardeuse supposerait que les mammifères femelles qui s'accouplent adopteraient ce comportement afin d'attirer l'attention des mâles dominants et s'assurer ainsi un meilleur succès reproducteur. Geoffrey Parker et Richard Pearson vont même jusqu'à supposer que seule la femelle qui étreint sa partenaire trouverait grâce aux yeux des mâles. Celle-ci ferait alors preuve d'altruisme envers l'autre femelle. D'autres auteurs affirment que celle qui adopte la « position soumise » se ferait aussi remarquer par les mâles en montrant sa réceptivité.

Ces propositions ne peuvent être véritablement prises au sérieux. Au-delà du fait qu'elles paraissent douteuses, ces hypothèses envisagent le comportement animal de manière anthropomorphique et le comportement humain de manière sexiste. En effet, on observe de nombreux rapports homosexuels en dehors de la période de reproduction, ce qui invalide l'idée que les femelles s'y livreraient afin de se reproduire avec davantage de succès. Certaines se cachent aussi régulièrement du regard des mâles pour avoir des rapports sexuels avec leur partenaire et sont parfois agressives envers les mâles qui tentent de les interrompre. De plus, cette hypothèse ne dit rien des comportements homosexuels des mâles. Les auteurs pourraient supposer qu'ils tentent eux aussi d'attirer l'attention des femelles en les excitant, mais, curieusement, ils n'évoquent pas cette possibilité.

Entraînement à l'hétérosexualité

L'idée que l'homosexualité serait une sexualité immature et ferait office d'entraînement pour une véritable sexualité adulte – et hétérosexuelle – est courante dans la littérature scientifique. Les rapports entre individus de même sexe constitueraient un apprentissage des gestes et des comportements spécifiques à la reproduction. Cette idée est battue en brèche par le simple fait que des adultes s'engagent couramment dans des comportements homosexuels alors qu'ils n'ont plus besoin d'apprentissage.

Compétition reproductive

Le « monteur » empêcherait le « monté » de s'accoupler avec un membre du sexe opposé afin de réduire son succès reproducteur. Cette hypothèse, envisagée pour le cas spécifique du hanneton (voir p. 47), ne peut en aucun cas être généralisée. En effet, comme on l'a vu, nombre de rapports homosexuels ont lieu en dehors des périodes de fertilité des animaux. Ces comportements-là ne peuvent pas être liés au succès reproducteur des individus concernés. Dans les cas des rapports homosexuels observés lors de la saison de reproduction, une étude sur les macaques à face rouge montre que les femelles en période ovulatoire sont plus fréquemment étreintes par leurs congénères du même sexe que celles qui sont infertiles à ce moment-là. Dans ce cas, les « monteuses » chercheraient à réduire les possibilités de fécondation de leurs voisines en empêchant leur accès aux mâles. Il faudrait toutefois tester le succès reproducteur réel de l'ensemble de ces femelles afin d'affirmer ou d'infirmer la validité de l'hypothèse. Chez les bisons et les bécasseaux roussâtres, des rapports homosexuels viennent parfois perturber les accouplements hétérosexuels, ce qui pourrait également conforter cette hypothèse.

Fonction élusive ou inexistante ?

Ce passage en revue des tentatives d'explications fonctionnelles de l'homosexualité animale nous amène à un constat : aucune d'entre elles n'est assez solide pour permettre de dessiner une image unique de sa ou de ses fonctions. Quelques-unes semblent se vérifier pour certaines espèces, mais ne constituent pas pour autant un fondement extensible à l'ensemble des comportements homosexuels. *A fortiori*, aucune ne peut s'appliquer à l'ensemble du règne animal. Comme le soulignent Vasey et Sommer dans leur ouvrage, peut-être que la bonne hypothèse n'a pas encore été trouvée. Peut-être même n'existe-t-il pas de cause fonctionnelle unique à l'homosexualité, car ce phénomène est bien trop complexe et multiforme pour pouvoir être enfermé dans une explication simple. Il faut alors nous pencher sur les causes liées à l'histoire évolutive de ce comportement, qui représente l'autre facette du *pourquoi* posé par Tinbergen.

Les phénomènes physiologiques, les caractéristiques physiques et les comportements qui sont observables aujourd'hui sont apparus au cours de l'histoire évolutive des espèces. Ils peuvent avoir persisté en tant que sous-produits d'une adaptation et existent toujours car ils ne représentent pas de désavantage particulier : la sélection naturelle n'a pas fait disparaître ce trait qui n'entraîne pas un coût pour l'espèce. L'exemple qui illustre couramment cette idée est la persistance des tétons chez les mammifères mâles, alors que ces derniers ne sont pas capables d'allaiter. Les tétons ne conservent pas de fonction chez le mâle, mais ils ne représentent pas non plus un caractère délétère pour l'individu. Ils ne subissent donc pas de pression de sélection qui les ferait disparaître, et persistent au cours du temps.

Prenons un autre exemple. Le déclenchement de la salivation à la vue d'un aliment est une adaptation qui a procuré un avantage évolutif à l'animal ou à l'être humain qui la possède. En effet, l'individu qui salive sera poussé à se nourrir, ce qui est indispensable à sa survie. Imaginons toutefois une personne perdue dans le désert et qui tombe sur une affiche représentant une glace. Ici, la salivation ne va pas favoriser sa survie. Au contraire, elle peut même concourir à sa déshydratation. Dans ce cas précis, la salivation représente un sous-produit de l'évolution dont la fonction adaptative varie avec le contexte.

Un trait peut aussi représenter une inadaptation coûteuse pour l'individu, qui subira alors une pression de sélection visant à l'en débarrasser. Si un animal se met à saliver à la vue d'une pierre, son comportement alimentaire ne sera pas propice à sa survie. La sélection naturelle fera que l'animal ne vivra sans doute pas longtemps et ne se reproduira pas. Les gènes responsables de ce comportement inadapté disparaîtront avec lui. Se pourrait-il donc que l'homosexualité soit un sous-produit d'une adaptation, ou même une inadaptation ?

Sous-produit d'une adaptation

Cette hypothèse suppose donc que l'homosexualité animale serait un sous-produit adaptatif sans fonction particulière. Elle serait dérivée d'une sélection d'autres traits. Par exemple, il est avantageux pour un mâle d'être facilement excité sexuellement, car cela le pousse à se rapprocher fréquemment des femelles. Ce comportement lui permet de se reproduire avec plus d'efficacité qu'un mâle qui resterait insensible au sexe. Mais la sélection de mâles dotés d'une grande motivation sexuelle peut mener à l'expression de comportements jugés indésirables. L'éléphant de mer, *Mirouga angustirostris*, en fournit un exemple. Les individus subadultes mâles grimpent sur des juvéniles du même sexe que le leur. Les premiers se comportent de la même façon qu'ils le feraient avec une femelle, tandis que les seconds tentent de fuir et subissent des copulations forcées. Dans une étude sur le sujet de 1991, Naomi Rose et ses collègues pensent que ce comportement est un sous-produit d'une adaptation. L'évolution a probablement favorisé le succès reproducteur des mâles qui montrent une grande excitabilité sexuelle. Ce trait entraîne des dommages collatéraux, par ces copulations forcées sur des juvéniles. Toutefois, ce comportement ne subit pas de pression de sélection négative pour une raison simple : bien qu'il soit délétère pour les jeunes animaux qui le subissent, il ne porte pas atteinte à la pérennité de l'espèce dans son ensemble.

Il est à noter que les rapports homosexuels dans leur grande majorité ne sont pas forcés et qu'ils n'occasionnent pas de dommages aux animaux qui s'y livrent. Des auteurs supposent que, chez certaines espèces, ils peuvent être envisagés comme la manifestation d'une grande excitabilité sexuelle. Une étude de 2013 d'Inon Scharf et Oliver Martin avance l'idée que l'homosexualité des mâles chez les insectes et les arachnides s'explique ainsi[1]. Pour eux, ces comportements résulteraient d'une mauvaise identification du sexe de son partenaire par l'individu qui lui fait la cour et qui le monte. La présence de phéromones femelles sur l'animal qui est monté serait la source de la méprise. Les auteurs estiment que certains mâles ne sont pas capables de discriminer correctement entre mâle et femelle, car il vaut mieux « se tromper » et s'accoupler avec un mâle plutôt que de risquer d'être trop discriminant et de rejeter une « opportunité valide » de s'accoupler avec une femelle. Ces chercheurs supposent donc que le comportement homosexuel serait un sous-produit d'une adaptation que serait la forte motivation sexuelle des mâles. Mais les preuves manquent ; il convient donc de poursuivre les investigations afin d'évaluer les contextes où les comportements homosexuels seraient plus ou moins avantageux pour les mâles et corrélés à l'expression d'autres comportements qui favoriseraient leur survie et/ou leur succès reproducteur.

1. Voir la critique faite sur le vocabulaire employé par ces auteurs dans le chapitre I, p. 56.

Par exemple, Scharf et Martin suggèrent que la propension à l'homosexualité pourrait être corrélée à un avantage sélectif : une compétitivité accrue dans les domaines alimentaire comme sexuel, une capacité à supporter le manque de nourriture ou une résistance au stress en général. Ces idées sont pour l'instant des pistes de recherches parmi d'autres, qui ne sont pas encore étayées par des preuves.

Et le plaisir dans tout ça ?

Une des deux hypothèses qui me semblent les plus plausibles pour expliquer l'existence et le maintien des comportements homosexuels dans le monde animal est explorée par Vasey, Sommer et Bagemihl dans leurs ouvrages respectifs. Il s'agit de l'hypothèse selon laquelle l'homosexualité serait une conséquence de l'évolution du plaisir. Quel est le rôle du plaisir, cette forme de ressenti positif ? Pourquoi des activités comme se nourrir, se tenir au chaud ou avoir des relations sexuelles sont-elles agréables ? La réponse est simple : ce qui donne du plaisir, d'une manière générale, contribue à la survie des espèces. Au cours de leur histoire évolutive, les animaux chez lesquels le fait de manger s'est trouvé par hasard associé à une sensation de plaisir ont été avantagés par rapport à ceux pour lesquels se nourrir représentait une activité neutre ou désagréable. Rechercher cette sensation de plaisir pousse à trouver des végétaux ou des proies à ingurgiter et permet de mieux survivre par comparaison avec ceux qui sont dépourvus de cette motivation. De même, les animaux qui éprouvent du plaisir lors de l'acte sexuel le recherchent volontiers et laissent derrière eux une progéniture importante, propre à assurer une continuité génétique. Ainsi, cette capacité à ressentir du plaisir s'est transmise de génération en génération, jusqu'à aujourd'hui. Alors que les sensations agréables ont pu être, au départ, un hasard associé à la reproduction, elles en sont devenues indissociables par l'action de la sélection naturelle. De conséquence de l'acte sexuel, le plaisir a pu en devenir la motivation.

On peut raisonnablement supposer que les animaux s'accouplent et se reproduisent parce qu'ils recherchent d'abord et avant tout le plaisir que cela leur procure. Ce qui m'amène à une conclusion cruciale : c'est la sensation éprouvée lors de l'expression d'un comportement qui entraîne le maintien de son existence. Les animaux ne décident pas consciemment d'avoir des rapports sexuels afin de laisser une descendance. En revanche, ils sont enclins à répéter des comportements agréables. Dans ce contexte, la procréation peut être envisagée comme étant favorisée par le plaisir. Cette explication tient-elle pour l'ensemble du règne animal ? Si les notions de plaisir et de douleur sont aujourd'hui facilement admises pour les vertébrés dits supérieurs, tels les oiseaux et les mammifères, qu'en est-il par exemple des insectes ? Peut-on imaginer que l'hypothèse du plaisir soit aussi applicable à cette classe d'animaux ?

Pour répondre à cette question, il faut d'abord explorer les bases biologiques de la sensation de plaisir : le système de récompense. Ce dernier peut être défini comme l'ensemble des structures neuronales qui sont activées en fonction du comportement de l'animal. Les neurones relâchent des neurotransmetteurs responsables du plaisir. (Le système de récompense est aussi impliqué dans les addictions telles que la dépendance aux drogues ou à certains comportements.) Ce système a tout d'abord été étudié chez les mammifères et est reconnu comme indispensable à la survie. Il est impliqué dans le déclenchement de l'alimentation, de la reproduction et dans l'apprentissage de ce qui préserve l'organisme ou au contraire le menace. Chez les insectes, l'existence d'un système de récompense a été longtemps ignoré et n'est reconnu et étudié que depuis une vingtaine d'années seulement.

Plaisir d'insectes

Dans son ouvrage *Pleasurable Kingdom* (non traduit en français), l'éthologue Jonathan Balcombe explore toutes les facettes du plaisir dans le règne animal. Il présente de nombreuses études qui démontrent que les insectes perçoivent la douleur. Par exemple, tout comme nous retirons rapidement notre main d'une plaque de cuisson chaude, cafards et criquets font de même lorsque leurs pattes entrent en contact avec ce même *stimulus*. De plus, les insectes sont sensibles aux drogues qui suppriment la douleur, telles que la morphine. Ainsi drogués, ils restent plus longtemps sur une plaque chaude qu'ils ne le font dans leur état normal. De même que la morphine apaise la douleur, elle stimule aussi le système de récompense des insectes : les criquets auxquels on injecte de la morphine pendant plusieurs jours y deviennent dépendants. Cette observation suggère que ces animaux sont bel et bien capables de ressentir les sensations procurées par la drogue.

Nous serions bien en peine de décrire ce que peut représenter le plaisir pour un insecte, mais les données scientifiques actuelles permettent d'affirmer que les bases biologiques de son existence sont présentes chez ces animaux. Même si les insectes possèdent une organisation physiologique et nerveuse différente de celle des vertébrés, il n'est pas étonnant de retrouver chez eux les mêmes types de mécanismes biologiques. En effet, douleur et plaisir représentent les deux facettes contraires d'une même contrainte qui a probablement une origine très ancienne dans l'évolution. Quelles seraient les chances de survie d'un animal qui ne ressentirait pas de douleur à l'occasion d'une brûlure ? Il serait bien vite réduit en cendres, au sens propre comme au sens évolutif du terme. Il en serait de même d'un animal qui ne prendrait pas de plaisir à se nourrir ou à se reproduire. Imaginons un papillon dont le système nerveux ne recevrait pas de récompense lorsqu'il aspire le nectar sucré d'une fleur. Il pourrait se nourrir uniquement d'eau et, privé de l'énergie conférée par le sucre, dépérirait avant de s'être reproduit. Certains pourraient rétorquer qu'il suffit aux insectes de distinguer les sources de nourriture qui sont pleines d'énergie de celles qui en sont dépourvues afin de se nourrir correctement, sans nécessairement y trouver de plaisir.

En effet, une étude sur les sauterelles a montré qu'elles sont capables de différencier les composants chimiques d'une source de nourriture grâce à leurs récepteurs gustatifs et à la mise en jeu de deux neurones seulement. Si nous pouvons étudier la capacité de l'être humain à distinguer différents aliments d'un simple point de vue physiologique, nous savons bien qu'il s'y ajoute aussi une dimension sensorielle importante dans notre espèce. Ainsi, il est fondamental de garder à l'esprit que l'existence d'un processus mécanique chez un animal n'annule pas la possibilité que s'y adjoigne une expérience sensorielle. En effet, si les réponses données par les insectes aux stimulations extérieures étaient seulement mécaniques, pourquoi leurs systèmes nerveux seraient-ils pourvus d'un procédé de récompense ?

Quand les mouches boivent pour se consoler

Une étude publiée en 2012 dans la revue *Science* permet de continuer l'exploration de l'hypothèse du plaisir chez les insectes. Galit Shohat-Ophir et ses collègues ont étudié une espèce emblématique de la recherche en biologie : la drosophile, *Drosophila melanogaster*, plus communément connue sous le nom de mouche du vinaigre ou mouche à fruits. Les chercheurs ont observé le comportement alimentaire des mâles après qu'ils ont copulé avec succès avec une femelle ou qu'ils ont été rejetés par elle. On laissait aux insectes le choix entre deux aliments : leur nourriture ordinaire ou agrémentée d'un peu d'alcool. Les résultats sont saisissants. Les mâles qui se sont accouplés avec succès choisissent préférentiellement la nourriture ordinaire, tandis que ceux qui ont subi un rejet de la part du sexe opposé choisissent plutôt celle qui contient de l'alcool. Ces données suggèrent que le sexe est bel est bien recherché par les insectes comme une source de plaisir. Cette activité n'est pas une simple mécanique déclenchée par les phéromones relâchées par les femelles pour attirer les mâles.

Ils s'y adonnent aussi parce qu'ils y trouvent une satisfaction sensorielle, tout comme ils trouvent agréable de consommer des boissons alcoolisées. Si les insectes éprouvent bel et bien du plaisir dans la sexualité, on peut considérer que le reste du monde animal n'y est sans doute pas indifférent. Une revue des études sur le sujet pourrait même faire l'objet d'un ouvrage entier. Précisons simplement que l'orgasme a notamment été mis en évidence et étudié chez certaines espèces de primates, aussi bien chez les mâles que chez les femelles, et que son existence chez de nombreuses espèces ne fait aucun doute.

Sexualité sans procréation

De même, une hétérosexualité déconnectée de la procréation est courante dans le monde animal. Chez de nombreuses espèces, on observe des copulations entre mâle et femelle en dehors de la période de reproduction, à une période du cycle où la femelle n'est pas fertile, pendant la menstruation, l'incubation des œufs ou la gestation. La sexualité non reproductive n'est pas anecdotique et peut même représenter une proportion très importante de la sexualité totale chez certaines espèces. Par exemple, chez le guillemot de Troïl, la moitié des rapports sexuels a lieu en dehors de tout contexte reproductif. Chez les singes nasiques et les tamarins lions dorés, le pic de rapports sexuels a lieu lors de la gestation. De même, les macaques rhésus femelles gestantes ou en période de règles sont sexuellement actives. Et les mâles rhésus copulent aussi fréquemment avec les femelles gestantes qu'avec celles qui sont en ovulation. Ces observations confortent l'hypothèse évoquée plus haut selon laquelle le plaisir précède la procréation. Les animaux ne se préoccupent pas systématiquement de savoir si leur partenaire est fertile. Ils prennent du plaisir et parfois, incidemment, il y a fécondation.

Quelle leçon en retirons-nous quant aux comportements homosexuels des animaux ? Ils procurent du plaisir, de même que les rapports hétérosexuels qui ont lieu en dehors de la reproduction. De plus, les sensations agréables procurées par la sexualité ne se limitent pas aux copulations. Nous verrons dans le chapitre III que les comportements homosexuels recouvrent une grande variété de pratiques : caresses, baisers et embrassades notamment. Paul Vasey indique à plusieurs reprises que l'homosexualité semble simplement liée au plaisir chez les primates. Il est également important de préciser que ces comportements n'entravent pas la reproduction des individus. En effet, nombre d'animaux qui ont des rapports homosexuels sont aussi engagés dans des relations hétérosexuelles et se reproduisent.

Les raisons d'être de l'homosexualité animale sont multiples et différentes selon les espèces auxquelles on s'intéresse. Par exemple, les preuves scientifiques sont assez solides pour admettre que l'homosexualité animale participe probablement à la création et au maintien d'alliances chez les babouins et les cétacés. On peut aussi envisager son rôle dans la compétition spermatique chez certaines espèces d'insectes. Il n'est cependant pas possible de trouver une explication simple et unique à un comportement aussi multiforme et complexe. Toutefois, de même que le système de récompense est une structure fondamentale qui permet à l'organisme de fonctionner et de survivre, de même le plaisir peut-il être considéré comme le substrat premier à partir duquel se développent les autres fonctions possibles de l'homosexualité animale.

Inadaptation

Se pourrait-il que l'homosexualité soit une inadaptation ? Lorsqu'une caractéristique physiologique, morphologique ou comportementale réduit la capacité d'un individu à survivre ou à se reproduire, il subit une pression de sélection négative : le trait est donc éliminé et disparaît. Le caractère répandu de l'homosexualité dans tous les groupes d'animaux de la planète, insectes, arachnides, amphibiens, reptiles, oiseaux et mammifères, suffit à lui seul à réfuter l'hypothèse de l'inadaptation. En effet, quelles que soient les raisons d'être de ce comportement sexuel, qu'il soit ou non un sous-produit d'une adaptation, le fait est qu'il a été conservé au cours de l'évolution.

De même, l'argument qui consiste à considérer que l'homosexualité serait une pathologie résultant de la captivité chez l'animal ou du confinement dans des espaces non mixtes chez l'être humain (comme les pensionnats ou les prisons) ne tient pas. Il est montré que ces deux contextes artificiels favorisent l'homosexualité, sans en être une cause pathologique. Dans ce cas, on verrait ce comportement apparaître uniquement chez les animaux et les êtres humains captifs. Ce n'est évidemment pas la réalité, puisque des comportements homosexuels sont observés chez de nombreuses espèces qui vivent à l'état sauvage.

L'exubérance biologique

Bruce Bagemihl présente l'hypothèse de l'exubérance biologique comme un nouveau paradigme dans son livre *Biological Exuberance. Animal Homosexuality and Natural Diversity*. Il explore différentes théories qui proposent de dépasser la pensée néodarwinienne afin d'expliquer la diversité de la vie sur Terre. Parmi elles, le post-darwinisme contredit l'idée dominante selon laquelle la sélection naturelle serait la seule force toute-puissante qui dirigerait l'évolution. Les tenants de cette nouvelle interprétation de l'évolution, tels que Mae-Wan Ho et Peter Saunders, proposent des idées comme l'auto-organisation de la vie et l'épigénétique. Cette dernière étudie la façon dont l'environnement peut modifier l'ADN des individus et permettre la transmission de caractères sans l'action du hasard des mutations génétiques chères aux néodarwiniens.

Les post-darwiniens poussent les biologistes évolutionnistes à élargir leurs horizons théoriques en intégrant les découvertes provenant d'autres disciplines, telle que la théorie du chaos, issue des recherches en mathématiques. Cette théorie promeut l'idée selon laquelle les phénomènes naturels, quels qu'ils soient, sont marqués par l'imprévisibilité. Dans cet axe de pensée, les événements et les processus qui semblent inutiles, improductifs ou même destructeurs font partie intégrante de la marche normale du système. Car le chaos est la norme. Ou, comme le dit Bagemihl, « en substance, la déviation de la norme est la norme ».

Ainsi, Joseph Ford, physicien spécialiste de cette théorie, envisage l'évolution comme un chaos à rétrocontrôle. Par exemple, la construction des alvéoles par les abeilles illustrerait cette hypothèse. La fabrication d'une alvéole commence sans ordre, et c'est le constant retour d'expérience découlant d'actions simples qui pousse les insectes à modeler la cire en forme d'alvéoles. L'intelligence collective des termites et des fourmis qui construisent une termitière ou une fourmilière peut s'analyser de la même manière. Sans chef ni plan, elles réussissent à édifier des structures gigantesques et complexes propres à abriter des sociétés composées de milliards d'individus. Comment font-elles ? Tous les mécanismes ne sont pas encore identifiés avec certitude, mais on sait que les comportements individuels juxtaposés donnent naissance à un comportement collectif. Une des hypothèses courantes est qu'une première termite commence une construction quelconque, ce qui suscite le ralliement d'autres ouvrières. L'interaction de comportements simples, essais, erreurs et corrections, finit par permettre la réalisation de superstructures. Ainsi, du chaos régulé naît une structure organisée.

Bruce Bagemihl se penche aussi sur la théorie Gaïa de James Lovelock, qui considère que la planète fonctionne comme un seul organisme vivant qui s'autorégule. Il y ajoute à la notion de compétition celle de coopération comme force majeure de l'évolution. Cette idée est largement explorée et défendue aujourd'hui par la biologiste évolutionniste Joan Roughgarden, notamment dans ses ouvrages *Le Gène généreux* et *Evolution's Rainbow. Diversity, Gender, and Sexuality in Nature and People* (non traduit en français).

Nourri de ces récentes théories, le paradigme de Bagemihl se construit enfin sur la pensée de Georges Bataille, qui écrit dans *La Part maudite* : « l'histoire de la vie sur Terre est principalement le résultat d'une exubérance sauvage». Bagemihl prend le contrepied de la théorie classique de l'évolution qui considère que les ressources de tous types sont rares et que les individus, les sexes et les espèces sont en compétition pour leur possession. Au contraire, l'idée d'exubérance biologique suppose que l'abondance et l'excès sont la règle dans la nature. Cette profusion d'énergie est considérée comme une force évolutive aussi, sinon plus, importante que celles qui sont traditionnellement admises comme les pivots de l'évolution (rareté, compétition, utilité des formes et des comportements). Bataille explique notamment que l'énergie du soleil est plus abondante que nécessaire à la vie sur Terre. De la même façon, l'énergie qui existe à l'intérieur des individus serait présente en excès: une fois qu'elle a été utilisée pour assurer la croissance, il faut lui trouver un exutoire – l'alimentation, les relations sexuelles, la création, la destruction.

Pour ces auteurs, le défi de la vie sur Terre n'est pas la gestion de la rareté, mais celle de l'excès. Ainsi, de nombreux phénomènes tomberaient sous le coup de cette analyse: aussi bien l'extraordinaire diversité des formes de vie que les extinctions massives d'espèces, la croissance et le déclin des civilisations, la sophistication et le minimalisme, la guerre et la paix, l'abondance de nourriture et la famine… L'ensemble de ces phénomènes serait le résultat du recyclage incessant de l'énergie débordante et incontrôlable auquel les organismes sont soumis. Bagemihl examine la reproduction sous cet angle et dégage des arguments qui montrent l'énorme dépense d'énergie et même le gaspillage que cette activité suscite. Il suffit d'observer un couple de mésanges en train de s'occuper de ses oisillons pour se convaincre de l'énergie colossale dépensée par ces oiseaux afin d'élever une douzaine de petits dont seul un pourcentage infime atteindra l'âge adulte. De même, l'éclosion des éphémères dont l'unique fonction est de s'accoupler avant de périr entraîne la production de milliers d'individus dont une grande quantité disparaîtra sans s'être reproduite. Bagemihl souligne que la pensée traditionnelle considère la diversité de la vie sur Terre comme une conséquence de l'évolution, alors qu'il propose, lui, d'envisager l'inverse : la nature offrirait une infinité de possibilités, et l'évolution en ferait le tri. L'homosexualité s'inscrirait alors dans ce schéma de pensée comme l'une des multiples formes issues de l'extravagance biologique.

> Contrairement à ce qu'on nous a enseigné au lycée, la reproduction n'est pas le « but » ultime ou le résultat inévitable de la biologie. Il s'agit simplement d'une conséquence d'un phénomène bien plus large de « dépense » d'énergie, au sein de laquelle la principale force est le besoin d'utiliser tout ce qui est en excès. Au cours de ce processus, de nombreux organismes finissent par transmettre leurs gènes, mais, tout autant, de nombreux autres mènent des vies dans lesquelles la reproduction figure à peine. La profusion existant sur Terre ne peut tout simplement pas être « contenue » dans la procréation : elle gonfle, déborde et plus encore… Ces vies sont d'une intense brièveté ou d'une incandescence soutenue – qu'elles soient procréatrices ou juste créatrices – ; chacune est alimentée par la générosité de l'existence. L'équation de la vie tient à la fois à une fécondité prodigieuse et à une prodigalité stérile.
>
> *Biological Exuberance. Animal Homosexuality and Natural Diversity*, 1999.

Sexodiversité

Le vaste paradigme de l'exubérance biologique posé par Bruce Bagemihl inclut une notion plus restreinte qui semble indispensable pour tenter de comprendre l'homosexualité animale. Car, plutôt que de tenter d'*expliquer* l'homosexualité, qui est, somme toute, un phénomène naturel normal au même titre que l'hétérosexualité, il est plus raisonnable et plus essentiel de chercher à comprendre ce qu'elle représente d'un point de vue biologique. Parlons alors de ce que j'appelle la « sexodiversité ».

Il y a presque quatre milliards d'années, les premières bactéries unicellulaires ne connaissaient pas encore la sexualité. Car le sexe et les sexes n'existaient tout simplement pas. Pour se reproduire, ces êtres se contentaient de se dédoubler, la cellule initiale en produisant une autre, identique à elle-même. Comme ces bactéries vivaient en colonies, des rapprochements se sont produits et la sexualité est apparue. Au départ, « l'accouplement » n'était qu'un simple accolement buccal qui permettait l'échange de matériel génétique. Le premier de tous les baisers, en quelque sorte. Alors que le dédoublement ne crée que des clones identiques à leurs parents, le mélange des gènes produit des êtres nouveaux et uniques. C'est là que réside le miracle de la sexualité, dans la création d'êtres originaux et divers.

Ces nouveau-nés, porteurs de caractéristiques particulières, et différents les uns des autres, seront plus ou moins à même de faire face aux défis que la nature leur lancera. Car cette dernière est imprévisible, et les conditions de vie sur la Terre sont changeantes. Sécheresse, inondations, maladies, prédateurs… la liste des caprices naturels auxquels les êtres vivants doivent faire face est sans fin. Parmi tous ces êtres si différents les uns des autres, certains seront capables de survivre et d'autres non. À cet égard, l'exemple du puceron vert du pois est éclairant. Chez cet insecte, les femelles sont capables de se reproduire toutes seules au printemps, sans mâle, comme les premières bactéries unicellulaires. Elles ne se dédoublent pas, mais donnent naissance à des répliques génétiques – les clones. Cette façon de se reproduire est intéressante, car peu coûteuse en temps et en énergie. La femelle n'a pas besoin de chercher de partenaire, ni de s'accoupler. Sa progéniture peut ainsi proliférer et conquérir tout un jardin en un rien de temps. Plus tard dans la saison, cependant, mâles et femelles s'accouplent.

Pourquoi les femelles n'en restent-elles pas au clonage, si simple et si rapide ? Parce que, malgré l'énergie qu'elle exige, la sexualité a des avantages que la photocopie n'aura jamais : la nouveauté génétique dont nous avons parlé plus haut. Par exemple, certains pucerons naîtront plus ou moins verts que les autres, et en fonction des prédateurs qui les attaqueront, se camoufleront mieux que d'autres dans la végétation. Ceux qui échapperont aux mandibules des coccinelles se reproduiront et transmettront leurs gènes à la génération suivante. Si tous les individus d'une espèce étaient identiques, ils pourraient tous présenter les mêmes faiblesses, et une seule menace suffirait à les éradiquer tous. C'est là que réside l'avantage ultime de la sexualité : elle donne des armes différentes à chacun afin que certains puissent affronter victorieusement les aléas de la vie et assurer ainsi la survie des espèces. La diversité qui existe à l'intérieur d'une espèce et entre les espèces, appelée biodiversité, permet à la vie d'atteindre son objectif ultime : sa pérennisation.

Il est reconnu que la santé et la stabilité des écosystèmes sont directement liées à la diversité des espèces, à la biodiversité. Nous avons vu que le puceron vert du pois utilisait deux méthodes différentes afin de se reproduire efficacement. La sexualité, mère de la diversité, prend elle-même des formes extrêmement diverses. Les systèmes d'appariement, qui représentent la manière dont les groupes d'animaux se structurent par rapport à leur comportement sexuel, sont très variables d'une espèce à l'autre, mais aussi au sein d'une même espèce.

La variété des stratégies utilisées par les animaux pour se reproduire passe par toutes les combinaisons imaginables. La monogamie stricte est rare, mais elle existe, notamment chez le campagnol des prairies. Vient ensuite la monogamie sociale mais pas sexuelle : celle que pratiquent de nombreuses espèces d'oiseaux qui vivent et élèvent leurs petits en couple mais s'accouplent aussi avec d'autres partenaires. La monogamie en série consiste à rester fidèle à son partenaire pour une saison seulement, comme chez certaines espèces d'oiseaux. Les cerfs et les gorilles sont polygynes, ils vivent en harem, un mâle ayant plusieurs femelles. Tandis que les jacanas, oiseaux aquatiques, sont polyandres : le territoire de la femelle recoupe celui de plusieurs mâles avec lesquels elle s'accouple. Chez les loups, les suricates ou les rats-taupes nus, seul le couple dominant s'accouple et se reproduit. Les chimpanzés optent pour la promiscuité, chacun pouvant s'accoupler avec le partenaire de son choix, et certains liens entre individus pouvant être privilégiés mais pas exclusifs. Il va sans dire que les accouplements et les liens de couple peuvent exister entre individus du sexe opposé ou de même sexe, et parfois les deux ! Les huîtriers pies, oiseaux marins, sont notamment connus pour former des trios de deux femelles et un mâle ou de deux mâles et une femelle, qui s'occupent tous ensemble de leur progéniture. Cette espèce offre une variabilité étonnante de comportements sexuels : couples homosexuels, couples hétérosexuels monogames en série, hétérosexuels non monogames, trios…

Parmi les combattants variés, échassiers étudiés par Selous à la fin du XIXe siècle (voir p. 51 et suivantes), certains seront hétérosexuels toute leur vie, tandis que d'autres seront tantôt homosexuels, tantôt hétérosexuels, certains pouvant être les deux en même temps. Mais d'autres resteront asexuels la plus grande partie de leur vie.

Une telle flexibilité sexuelle favorise la reproduction, car elle permet aux animaux de s'adapter aux variations de l'environnement. C'est ce que montre une étude menée en Espagne en 1989 sur la grande outarde. Juan Carranza et ses collègues ont relevé que le système d'appariement de cet oiseau est à la source d'une grande confusion parmi les chercheurs. Certains considéraient la grande outarde comme polygyne et vivant en harem, avec des groupes composés d'un mâle et de plusieurs femelles. D'autres l'observaient organisée en « lek », ces arènes où les mâles viennent parader devant les femelles, qui choisissent un partenaire pour s'accoupler avant de partir couver seules. D'autres encore affirmaient que les outardes étaient monogames.

Pour comprendre pourquoi de telles variations de conduite étaient rapportées, les chercheurs ont décidé d'observer comment les conditions écologiques influencent le comportement de ces oiseaux. En effet, les outardes changent de système d'appariement d'un endroit à l'autre et d'une année sur l'autre en fonction de la quantité et de la dispersion de la nourriture. Les conditions météorologiques jouent également un rôle. Dans les endroits où la nourriture est importante, un mâle peut se permettre de défendre un territoire où il accueille plusieurs femelles qui viennent s'y nourrir. Ces oiseaux vivent donc en harem. Quand les ressources alimentaires sont plus dispersées, il devient difficile pour un mâle de défendre un large territoire. Mieux vaut alors se réunir en lek afin de séduire le plus de femelles possible. La monogamie n'a pas été observée par ces auteurs, mais elle est rapportée par d'autres chercheurs en Hongrie, où les conditions écologiques doivent la favoriser. Enfin, Carranza a constaté une modification des stratégies utilisées en fonction des années, ce qui montre la flexibilité du comportement sexuel des animaux.

Au sein de cette plasticité comportementale, l'homosexualité représente l'une des options possibles permettant aux animaux de s'adapter aux variations de l'environnement afin de se reproduire. Elle constitue une facette parmi d'autres de la sexodiversité. Ce nouveau terme permet de rendre compte de la diversité et de la flexibilité des systèmes d'appariement et des comportements sexuels qui existent au sein même de la biodiversité. Ce concept est envisagé comme une composante de la biodiversité.

La sexodiversité est une fonction favorisant la reproduction et donc la pérennité de la vie. Un exemple récent permet d'illustrer comment la flexibilité du comportement sexuel permet d'assurer la reproduction chez une espèce. En 2008 et 2014, Lindsay Young et ses collègues ont publié deux articles scientifiques sur la reproduction chez des couples d'albatros de Laysan femelles. Cette espèce presque endémique des îles Hawaï (qui accueillent 99,7 % des individus) vit en colonies et forme plusieurs populations sur différentes îles. Ces oiseaux marins à l'envergure impressionnante sont connus pour être des monogames à la fidélité exemplaire. Les couples sont liés à vie et se retrouvent d'année en année sur la même aire de reproduction. Ils incubent un seul œuf par an et ne sont pas capables d'en pondre un second si la nidification échoue. Ces populations d'albatros présentent deux caractères particuliers.

D'une part, la colonie étudiée par Young sur l'île d'Oahu compte plus de femelles que de mâles. D'autre part, cette colonie comprend un tiers de couples homosexuels formés de femelles. Certaines femelles peuvent donc s'accoupler avec un mâle, mais pas se mettre en couple avec lui, car il est déjà « pris ». Or, il est impossible pour elles de s'occuper seules de leur œuf, car cela signifie l'abandonner durant de longues périodes afin de partir s'alimenter. Ces femelles isolées peuvent renoncer à la reproduction, ou s'associer avec une autre femelle afin de mener à bien leur couvée. Elles sont donc nombreuses à s'établir dans un couple homosexuel. Le succès reproducteur de ces oiseaux n'est pas aussi élevé que celui des couples hétérosexuels, mais il est évidemment meilleur que si elles ne se reproduisaient pas du tout.

Ces femelles font donc preuve d'une flexibilité comportementale leur permettant de s'adapter aux conditions de l'environnement. À la fin de son article de 2008, Young souligne l'importance de cette capacité pour la survie d'une espèce menacée telle que l'albatros de Laysan. L'auteur indique que des changements dans les ratios mâles/femelles dus à des causes naturelles ou d'origine humaine ont été observés chez d'autres espèces d'albatros. Par exemple, les deux sexes ne se dispersent pas sur les mêmes espaces géographiques, et les oiseaux victimes de la pêche industrielle à la ligne de traîne semblent être principalement des femelles. En outre, l'élévation du niveau des mers menace plus de 65 % des sites de nidification d'oiseaux de mer sur les îles Hawaï et d'autres atolls tropicaux. Young pense que ces diverses causes vont provoquer des mouvements plus fréquents d'individus en quête de nouveaux lieux pour nicher. Les populations d'albatros risquent donc de faire face à des ratios mâles/femelles plus fréquemment déséquilibrés et vont devoir s'y adapter. La sexodiversité des albatros leur permettra peut-être de mieux relever ce genre de défi et de favoriser ainsi la survie de l'espèce.

Quand la génétique s'en mêle

En 2015, Jessica Hoskins et ses collègues ont publié une étude sur les mouches drosophiles, *Drosophila melanogaster*, dans laquelle ils ont testé deux hypothèses génétiques concernant l'existence de comportements homosexuels dans la nature : la superdominance et l'antagonisme sexuel. Rappelons ici un principe génétique important. Chaque gène possède deux allèles, qui représentent les formes alternatives de ce gène : par exemple, pour le gène contrôlant la couleur des yeux, bleu et marron. Si les deux allèles sont identiques, l'individu est dit homozygote pour ce gène et exprime le caractère associé. Si les allèles sont différents, l'un est dominant et l'autre récessif. L'individu est dit hétérozygote. L'allèle dominant sera exprimé.

Dans l'hypothèse de la superdominance, le comportement homosexuel peut être conservé dans une population si les allèles qui augmentent la tendance à exprimer ce comportement dans l'état homozygote confèrent un avantage sélectif aux individus quand ils sont exprimés dans l'état hétérozygote. Cela signifie que si l'état hétérozygote d'un gène favorise la reproduction des individus qui le portent, la forme homozygote ne sera pas éliminée. L'hypothèse de l'antagonisme sexuel, quant à elle, suppose qu'un gène qui serait délétère pour l'un des deux sexes pourrait être préservé à partir du moment où il est avantageux pour l'autre.

Pour leur étude, Hoskins et son équipe ont commencé par examiner le génome des mâles qui exprimaient de nombreux comportements de parade dirigés vers d'autres mâles (léchage, chants et tentatives de monte). Ils ont recherché les différences génétiques qui les distinguaient des mâles qui exprimaient peu ou pas de tels comportements. Ils ont ainsi identifié deux lignées génétiques de drosophiles qui montraient respectivement un haut et un bas niveau de comportement homosexuel.

Les chercheurs ont laissé les individus de chaque lignée se reproduire entre eux, afin d'observer comment l'ascendance génétique des drosophiles influençait le succès reproductif des femelles. Leurs résultats sont très clairs : les mâles issus d'une lignée à haut niveau de comportement homosexuel engendrent des femelles qui se reproduisent davantage. Ainsi, les gènes associés à l'homosexualité persisteraient dans la population parce qu'ils sont avantageux pour le succès reproducteur des femelles, même s'ils amoindrissent celui des mâles. Ces résultats indiquent qu'il existerait un caractère héritable de l'homosexualité.

À ce propos, dans les deux hypothèses développées ici, les données semblent confirmer celle de la superdominance sans tout à fait réfuter celle de l'antagonisme sexuel. Les chercheurs pensent même que les deux hypothèses pourraient concourir au maintien de l'homosexualité. Ils précisent également que leurs résultats apportent des informations sur les mécanismes évolutifs génétiques qui entraînent le maintien de l'homosexualité chez les drosophiles mâles à un niveau toujours bas mais persistant. Ces données récentes sont compatibles avec le concept de sexodiversité. Elles montrent comment le maintien d'une variabilité sexuelle concourt à la procréation, à la survie des espèces, et donc, plus largement, à la pérennisation de la vie sur notre planète.

Un phénomène multiforme

L'exploration non exhaustive des nombreuses hypothèses présentées dans ce chapitre montre qu'il n'existe pas d'explication simple de l'homosexualité animale. Comme tout phénomène biologique, son origine est influencée par des facteurs multiples qui ne se laissent pas facilement cerner. Ce qui semble vrai pour certaines espèces ou certains groupes se verra infirmer pour d'autres. Cette difficulté à circonscrire le phénomène ne doit pas nous étonner, car elle reflète simplement la complexité et la richesse du comportement animal. L'homosexualité est multiforme et sert les individus et les espèces de diverses manières. Son existence, sa fréquence et sa persistance au cours de l'évolution, au sein d'espèces aussi différentes que le hanneton, le lézard, les oies ou les gorilles conduisent à la considérer comme une expression normale du comportement sexuel des animaux.

Pour conclure, il faudrait sans doute envisager l'homosexualité animale sous deux angles principaux qui ne sont pas contradictoires. D'une part, comme l'hétérosexualité, elle représente une source de plaisir indépendante de la reproduction. D'autre part, elle est une constituante de la sexodiversité, qui favorise la reproduction, et donc la perpétuation de la vie sur Terre.

III.

Séduire, caresser, câliner, s'accoupler

Dans le monde animal, l'art de séduire un partenaire prend les formes les plus diverses, qui se révèlent parfois extravagantes[1]. Danses, chants, offrandes, combats réels ou symboliques, constructions, jeux et autres courses-poursuites font partie des rituels de parade nuptiale qui rapprochent un mâle et une femelle avant l'accouplement. Ces démonstrations existent aussi entre animaux de même sexe, qu'elles prennent la même forme que les parades hétérosexuelles ou qu'elles leur empruntent certaines séquences seulement. Mais il existe des cas plus rares où les parades sont typiques de la séduction entre animaux de même sexe et ne s'observent que dans un contexte homosexuel.

1. Pour une recension de l'ensemble des données acquises sur le sujet espèce par espèce, je renvoie le lecteur à l'excellent ouvrage de Bruce Bagemihl.

La danse de l'autruche

Chez les autruches, les femelles sont polyandres, comme dans toute la famille des ratites, qui comprend aussi l'émeu et le nandou. L'autruche s'accouple avec un mâle, pond ses œufs puis s'en va en quête d'un nouveau partenaire. Elle laisse le père couver et élever les petits seul. Des cas d'homosexualité ont été observés chez les autruches mâles adultes, chez lesquels la parade est bien particulière. Elle se déroule en trois phases. La première, dite d'approche, est particulièrement impressionnante. Elle consiste à courir vers son partenaire à une allure débridée qui peut atteindre 50 km/h. Le fonceur s'arrête d'un coup, tout près du mâle qu'il cherche à séduire, évitant de justesse de le percuter. Une façon comme une autre de se faire remarquer ! Aussitôt après, il entame la phase suivante, une danse faite de multiples pirouettes. Il tourne, il virevolte et tourbillonne ainsi pendant plusieurs minutes. Puis, enfin, le prétendant s'aplatit sur le sol et continue à battre des ailes, à gonfler sa queue et à tortiller son cou en tous sens. L'autre mâle observe ce manège extravagant.

Quand un mâle fait la cour à une femelle, il se dispense des deux premières phases, la course effrénée et les pirouettes. La troisième phase est la même, quoiqu'elle soit plus courte. Surtout, elle s'accompagne d'un chant lorsqu'elle est destinée à une femelle, mais pas quand il s'agit de séduire un mâle. De même, les mâles entre eux font l'impasse sur le nourrissage et la présentation du nid, manège qu'ils respectent d'ordinaire pour montrer aux femelles leurs qualités de futur père. Les parades durent de dix à vingt minutes dans un contexte homosexuel et seulement trois minutes pour les couples hétérosexuels. Cependant, il n'y a pas de copulation à la suite de ces parades, qui restent des tentatives de séduction.

Amours de perruches

Pour rester dans le monde des oiseaux, rendons visite aux perruches et aux perroquets, qui font partie des espèces qui vivent d'intenses relations de couple en passant de longs moments ensemble, que ce soit au repos ou lors de leurs déplacements. Cela vaut pour les couples hétérosexuels comme homosexuels.

Les conures à front rouge, *Eupsittula canicularis*, ne font pas exception. Chez ces perruches, que l'on trouve sur la côte pacifique américaine du Mexique au Costa Rica, les couples de même sexe, mâles ou femelles, passent parfois jusqu'à une heure côte à côte à se lisser mutuellement les plumes et à se caresser la tête du bout du bec. Les mâles se font la cour en levant une patte pour la poser sur le flanc ou l'aile de leur partenaire, avant de s'accoupler, tandis que les femelles se nourrissent mutuellement. L'une régurgite de la nourriture pour l'offrir à sa compagne, puis elles se tiennent toutes deux par le bec en faisant des mouvements d'avant en arrière. Chaque membre du couple peut faire ces offrandes de nourriture à sa partenaire, alors que seul le mâle se comporte ainsi dans les couples hétérosexuels. Les oiseaux usent aussi de nombreuses vocalises en gonflant les plumes de leurs joues ou en exhibant les iris de leurs yeux. Ces attitudes, fréquemment répétées, sont propres à renforcer les liens du couple. Certaines femelles construisent aussi un nid ensemble, qu'elles creusent dans des termitières arboricoles. L'une d'entre elles creuse un tunnel d'entrée, activité habituellement dévolue au mâle. L'autre femelle s'occupe d'excaver la chambre qui recevra les œufs, activité qui revient à la femelle dans les couples hétérosexuels.

Parties de cache-cache

Chez les primates, certaines manœuvres d'approche sont réservées aux couples homosexuels. De nombreuses espèces de macaques comptent des femelles qui forment ce que les biologistes appellent des *« consortships »*, sortes d'associations temporaires qui peuvent durer de quelques minutes à plusieurs semaines et qui existent aussi entre mâles et femelles. Les partenaires entretiennent de fortes relations de proximité et se défendent mutuellement contre d'éventuelles agressions émanant d'autres membres du groupe. Ces associations homosexuelles ont souvent lieu lors de la saison de reproduction et, une fois dissoutes, des relations « amicales » peuvent perdurer entre les animaux. Pour séduire une autre femelle, les macaques rhésus femelles se lancent dans des parties de cache-cache endiablées qu'elles ne proposent jamais aux mâles. L'une se cache derrière un arbre puis se montre rapidement avant de se dissimuler de nouveau. Sa partenaire la poursuit, et toutes deux jouent ainsi pendant de longues minutes. L'une vient poser un rapide baiser sur la bouche de l'autre avant de partir en courant, incitant cette dernière à lui courir après. Une femelle peut aussi présenter son arrière-train et proposer à sa partenaire de la monter, puis, quand celle-ci s'approche, la première s'éclipse pour la taquiner. Après s'être ainsi mutuellement séduites, les femelles s'accouplent. Elles peuvent utiliser la même position qu'avec un mâle, qui consiste, pour celle qui monte, à poser ses pieds sur les jambes de sa partenaire. Elles frottent ensuite leurs organes génitaux, voire stimulent leur clitoris avec les doigts. La « monteuse » se caresse ou incite sa partenaire à le faire. Les femelles peuvent aussi choisir une autre position, seulement observée entre femelles, qui consiste à monter sur le dos de sa partenaire pour y frotter ses organes génitaux. Des embrassades sont aussi fréquentes, durant lesquelles les animaux se frottent l'une à l'autre et contre le sol. Les femelles échangent aussi des baisers avec les lèvres et la langue, se caressent le visage et se toilettent mutuellement.

Orgasme de macaque

Les contacts homosexuels donnent du plaisir aux partenaires qui les pratiquent. Des observations du macaque à face rouge sont sans ambiguïté. Cette espèce de primate peuple certaines régions de la Chine et de l'Asie du Sud-Est. Les singes vivent en groupe de vingt à cinquante individus. Ils ont peu été étudiés dans la nature, et on suppose que leur système d'appariement est la polygamie ou la promiscuité, qui implique des copulations multiples et peu d'investissement parental de la part des mâles. Les observations de comportements homosexuels rapportées ici ont été menées dans un contexte de semi-liberté ou de captivité. Certaines femelles entretiennent des relations homosexuelles avec une ou plusieurs partenaires privilégiées. Ces amitiés particulières se révèlent à la fois sexuelles et affectueuses. Les singes pratiquent une stimulation génitale intense, jusqu'à l'orgasme. Une femelle monte sur le dos de la seconde et frotte son sexe sur sa croupe. Ce comportement dure environ deux minutes, tout comme les rapports hétérosexuels. L'orgasme se produit alors. La femelle « monteuse » se tend, s'immobilise un instant puis est secouée de plusieurs spasmes. Sa fourrure se hérisse et ses expressions faciales sont caractéristiques : ses yeux sont fermés, elle fronce les sourcils et sa bouche forme un O. On observe les mêmes mimiques chez les mâles à l'éjaculation. La respiration est aussi plus rapide et sonore que d'ordinaire. La seconde femelle ne semble pas atteindre l'orgasme, mais participe néanmoins activement à la relation sexuelle. Elle agrippe fréquemment la femelle qui la monte et l'embrasse sur les lèvres lors de l'orgasme. Ensuite, les deux partenaires se serrent l'une contre l'autre et échangent des petits cris ou claquent des dents.

Les ébats intenses des macaques japonais

Objet de recherches depuis plus de vingt ans pour Paul Vasey et ses collègues, le macaque japonais est probablement l'espèce dont le comportement homosexuel a été le mieux décrit et étudié. Les femelles entretiennent des *« consortships »* et exhibent de nombreux comportements similaires à ceux décrits plus haut pour les macaques rhésus et les macaques à face rouge. Fréquemment, les femelles qui s'accouplent se fixent intensément dans les yeux et ont recours à un large panel de vocalisations : elles couinent, aboient, sifflent et émettent des sortes de roucoulements et de gazouillements. Ces sons sont aussi produits lors d'accouplements hétérosexuels, mais l'approche du partenaire est différente. Quand une femelle cherche à séduire un mâle, elle se rapproche de lui petit à petit, assise, et l'invite à copuler. Entre femelles, celle qui souhaite être montée le fait savoir de différentes manières. Elle peut frapper le sol en criant, ou s'enfuir puis revenir vers sa partenaire en lui présentant son arrière-train. Elle se fait aussi comprendre en hochant ostensiblement la tête, en la fixant intensément, en vocalisant, en faisant trembler ses lèvres et même en la poussant ou en la saisissant sans ménagement.

L'homosexualité n'est pas observée dans toutes les populations de macaques japonais, mais lorsqu'il est présent, ce comportement est très fréquent. Les femelles entrent même en compétition avec les mâles pour l'accès à d'autres femelles, ce qui conduit parfois à des combats très agressifs. Un cas très rare a aussi été rapporté d'une femelle qui est restée strictement homosexuelle tout au long de sa vie. En effet, ces singes, comme la plupart des animaux qui montrent des comportements homosexuels, sont en réalité bisexuels, alternant entre des relations avec des individus du même sexe et du sexe opposé. Chez cette espèce, des comportements homosexuels sont aussi observés entre mâles, mais ceux-ci ne forment pas de « *consortships* ».

Le baiser du lamantin

Les mammifères marins ne sont pas en reste pour ce qui est de l'homosexualité. L'élément liquide où ils vivent pose souvent de nombreuses difficultés aux humains qui tentent de répertorier les comportements de ces animaux. Malgré tout, les chercheurs ont compilé de nombreuses données relatives aux comportements homosexuels des dauphins, baleines, phoques, morses, loutres de mer ou lamantins. Ces derniers, parfois appelés vaches de mer, affichent une allure indolente lorsqu'ils se nourrissent calmement de végétaux sur les fonds marins tropicaux, ce qui ne les empêche pas d'être capables d'une grande vélocité. Les lamantins font partie de la famille des siréniens, qui compte quatre espèces, dont une se nomme dugong. Le nom de cette famille vient du fait qu'ils ont longtemps été confondus avec les fameuses sirènes par les navigateurs.

Lorsqu'une femelle est en chaleur, elle est fréquemment poursuivie et harcelée par une horde de mâles qui la caressent avec leur museau et tentent de passer sous elle pour toucher ses parties génitales. Elle passe de longues heures à essayer d'échapper à ces prétendants, les repoussant parfois violemment quand leurs assauts sont trop pressants. Quand elle accepte finalement de s'accoupler avec l'un d'entre eux, il vient se placer sous elle. Le couple se laisse alors tomber au fond de l'eau et s'accouple face à face.

Par comparaison, les comportements homosexuels des lamantins mâles sont très différents. Ils ont été observés dans la nature et documentés de manière détaillée pour la première fois en 1979 par Daniel Hartman qui a consacré sa thèse de doctorat à l'étude de ces animaux. Il écrit que les lamantins se livrent fréquemment à l'homosexualité et à la masturbation. La plupart du temps, deux mâles se rejoignent à la surface de l'eau et commencent par se faire des baisers en collant leurs museaux. Puis ils se laissent tomber au fond de l'eau tête-bêche en s'embrassant. Ils se tiennent mutuellement avec leurs nageoires et accolent leurs fentes uro-génitales. Ils frottent alors leurs pénis l'un contre l'autre. L'auteur insiste sur le fait que ces embrassades ne ressemblent aucunement à celles qui ont lieu lors de la copulation entre un mâle et une femelle, où ces derniers se font face ventralement, ce que ne font jamais deux mâles qui se positionnent tête-bêche ou sur le côté. Ces rapports durent environ deux minutes avant que les partenaires ne se séparent et reviennent à la surface. L'auteur précise que les comportements homosexuels sont contagieux et peuvent durer plusieurs heures. Les animaux, tous mâles, forment alors des groupes qui s'embrassent et se séparent, de nouveaux individus arrivant et repartant. Les lamantins qui s'engagent dans ces comportements utilisent de nombreuses postures différentes, contrairement à l'unique position hétérosexuelle. Hartman précise que tous les mâles ne sont cependant pas réceptifs aux avances de leurs congénères de même sexe et que certains fuient les tentatives de rapprochement en couinant fortement.

Le kamasutra homo des cétacés

Restons sous l'eau afin d'explorer la grande variété de caresses et d'accouplements qu'échangent baleines et dauphins. Ces cétacés s'engagent dans de nombreuses interactions homosexuelles, et la morphologie particulière de ces animaux leur autorise une certaine créativité en la matière. Ils explorent notamment tous les orifices dont la nature les a dotés. Quel que soit leur sexe, ces animaux possèdent tous une fente génitale. Chez les femelles, elle constitue l'entrée du vagin, tandis que, chez les mâles, elle permet la rétractation du pénis à l'intérieur du corps, pour une meilleure hydrodynamique. Les deux autres orifices des cétacés sont l'anus et l'évent respiratoire.

Lors de leurs ébats, les mâles dauphins roses de l'Amazone ou botos, *Inia geoffrensis*, peuvent pénétrer la fente de leur partenaire comme ils le feraient avec une femelle. Ils peuvent aussi insérer leur pénis dans l'anus ou dans l'évent d'un autre mâle. Lors des copulations génitale et anale, les deux animaux se font face, comme lors des accouplements hétérosexuels. La pénétration de l'évent implique cependant que l'un des deux mâles surmonte le second. C'est généralement le dauphin plus âgé qui pénètre le plus jeune. Ils frottent aussi leurs pénis l'un contre l'autre, ou la tête de l'un vient caresser les parties génitales de l'autre. Les contacts physiques entre ces mâles ne sont pas seulement sexuels, mais aussi affectueux : caresses des nageoires et du rostre, frôlements et maintien du contact physique lors de la nage. Ces comportements chez cette espèce ont seulement été observés en captivité, mais leur variété et l'observation de comportements similaires chez de nombreuses autres espèces de cétacés sauvages laissent penser qu'ils ont probablement cours également dans la nature.

Le grand dauphin, *Tursiops truncatus*, et le dauphin à long bec, *Stenella longirostris*, expriment le même type de sexualité. Chez ces espèces, les deux sexes s'engagent dans des caresses et des jeux sexuels avec des individus de même sexe. Les dauphins à long bec femelles s'accouplent avec leur partenaire en insérant leur nageoire dorsale dans leur fente génitale. Une forme de sexe oral existe également, lors de laquelle un des deux partenaires insère le bout de son rostre dans la fente génitale de son compagnon ou de sa compagne. Les deux dauphins peuvent nager un certain temps dans cette position. Les grands dauphins mâles forment des couples qui durent toute la vie (voir p. 129) et maintiennent leur lien grâce à de fréquentes caresses et des accouplements. Lors de la mort de l'un de deux membres du couple, le « veuf » cherche un nouveau compagnon. Il lui sera difficile d'en trouver un, car les couples existants ne « divorcent » pas. Mais s'il rencontre un autre « veuf » comme lui, ils pourront s'associer et tenter de nouer une nouvelle alliance.

Chez les baleines aussi, l'homosexualité est fréquente. Les baleines grises mâles, *Eschrichtius robustus*, se regroupent parfois lors de leur migration ou dans leurs quartiers d'été et se frottent les unes contre les autres, faisant rouler leurs corps à la surface de l'eau, ce qui rend l'observation de ces comportements plutôt aisée. Ces mâles entremêlent leurs pénis rose vif longs de un mètre à un mètre cinquante et d'une circonférence de trente centimètres. Ces joutes amoureuses peuvent durer plus d'une heure. Les baleines boréales mâles, *Balaena mysticetus*, se regroupent également pour des relations homosexuelles similaires à la surface de l'océan.

Lézards sans mâles

Serait-il possible que manœuvres de séduction, caresses et accouplements jouent un rôle dans la reproduction, même dans le cas de comportements homosexuels? Chez les vertébrés, il est bien connu que la présence de mâles favorise l'ovulation des femelles, voire est indispensable à son déclenchement. Car la présence et le comportement du sexe opposé agissent sur les hormones sexuelles féminines. Il a été démontré, chez la tourterelle turque notamment, que la cour que fait le mâle favorise le développement ovarien de sa compagne et l'efficacité de sa reproduction. Le simple fait d'être courtisée a donc une incidence sur la qualité de la procréation. Des parades et des rapports homosexuels pourraient-ils jouer un rôle similaire? L'étude d'*Aspidoscelis uniparens*, un lézard exceptionnel à plus d'un titre, a permis de fournir une réponse claire et surprenante. On trouve ce reptile dans le sud des États-Unis, dans les déserts du Nouveau-Mexique et de l'Arizona, ainsi que dans le nord du Mexique. Il est né d'une hybridation entre deux autres espèces de lézards: *Aspidoscelis inornatus* et *Aspidoscelis burti*.

Ce qui est remarquable chez cette espèce est qu'elle est uniquement constituée de femelles. On dit qu'elle est unisexuelle, tandis qu'une espèce qui comprend les deux sexes est dite bisexuelle. Ces animaux se reproduisent par parthénogenèse, c'est-à-dire par clonage. Mais, contrairement à l'exemple du puceron vert du pois donné au chapitre II (voir p. 98), ces lézards ne produisent pas des clones strictement identiques à la mère. En effet, une recombinaison des chromosomes de cette dernière se produit lors de la méiose, ce qui permet l'émergence d'une légère différenciation génétique. En soi, cette découverte est déjà incroyable. Mais elle s'accompagne d'une composante comportementale tout aussi étonnante.

En 1987, l'herpétologue David Crews souhaitait étudier les cycles hormonaux d'*Aspidoscelis uniparens* pour les comparer à ceux d'espèces proches qui sont bisexuelles. À cette fin, il s'était procuré plusieurs individus qu'il gardait en captivité dans son laboratoire. Un jour, il jeta par hasard un coup d'œil à la cage des reptiles et resta interdit : une femelle était en train de faire la cour à une autre ! Intrigué, le biologiste observa ces comportements de plus près et constata que les parades étaient longues et complexes, similaires à celles observées entre mâles et femelles d'espèces proches. De plus, les partenaires semblaient également s'accoupler ou du moins simuler une copulation. Une question s'imposa alors à lui : pourquoi une espèce qui n'a pas besoin de sexualité pour se reproduire manifesterait-elle un comportement sexuel complexe tel que celui-là ? Cette première question en suscita d'autres. Peut-être était-il en présence du vestige d'un comportement hétérosexuel datant d'une époque où l'espèce comptait encore des mâles ? Mais pourquoi la sélection naturelle conserverait-elle un comportement qui demande autant d'énergie ? Crews en déduisit que ces parades et ces accouplements devaient sans doute avoir une utilité biologique et il entreprit d'examiner le problème.

Parades reptiliennes

Il compara donc le comportement homosexuel d'*Aspidoscelis uniparens* avec celui, hétérosexuel, d'*Aspidoscelis inornatus.* Ces deux espèces sont très proches, puisque la seconde est l'une des deux espèces qui ont donné naissance à *Aspidoscelis uni-*

parens. L'objectif du chercheur était double. D'une part, s'il y avait des différences comportementales entre les espèces, il voulait les identifier afin de tenter de comprendre comment elles étaient apparues lors du passage d'une espèce bisexuelle à une espèce unisexuelle. D'autre part, il souhaitait découvrir si parades et accouplements remplissaient une fonction supplémentaire par rapport à celle de la fécondation pure et simple. S'il pouvait répondre par l'affirmative, cela signifierait que cet autre rôle était à l'œuvre chez les femelles parthénogénétiques.

Crews a constaté que les parades et l'accouplement suivent un scénario identique chez les deux espèces. Le mâle approche la femelle et lui donne des petits coups de langue sur le corps. Si elle accepte ses avances, il saisit la peau de la nuque ou de la patte avant de sa partenaire avec sa gueule et monte sur son dos. Puis, il gratte les flancs de cette dernière avec ses pattes avant et arrière et presse son dos afin qu'elle s'aplatisse. Enfin, il enroule sa queue autour de celle de sa compagne afin de mettre leurs deux cloaques en contact. L'un des deux hémipénis[1] du lézard pénètre ensuite la femelle. Lors de l'intromission, le mâle lâche la nuque de sa partenaire pour venir la saisir au niveau de la région pelvienne. Son corps fait alors une boucle autour de celui de sa partenaire. L'accouplement peut durer jusqu'à dix minutes. Puis, après l'éjaculation, mâle et femelle se séparent.

Chez *Aspidoscelis uniparens*, l'une des deux femelles assume le « rôle du mâle » décrit ici, et elles se comportent toutes

1. Lézards, serpents et amphisbènes sont munis de pénis doubles. Chacun est appelé hémipénis.

deux de manière identique à un couple hétérosexuel, la seule différence étant qu'il n'y a pas intromission de l'hémipénis. Crews se demanda alors quelle pouvait être l'incidence de ce comportement sur la reproduction. Si le simple fait de faire la cour stimulait le développement ovarien chez *Aspidoscelis inornatus*, il y aurait de grandes chances qu'il en soit de même chez *Aspidoscelis uniparens*. Le chercheur confia donc une expérience à l'un de ses étudiants. Ce dernier devait comparer les taux d'ovulation de femelles *Aspidoscelis inornatus* vivant dans trois environnements différents : seules, avec d'autres femelles, avec des mâles. Les femelles vivant seules n'ont pas ovulé. Seul un petit nombre de celles qui côtoyaient d'autres femelles a ovulé et produit peu d'ovules. Enfin, celles qui étaient en présence de mâles étaient plus nombreuses à ovuler et plus rapidement que les autres, produisant le plus grand nombre d'ovules. Ces résultats indiquaient que le comportement de cour avait bien un impact physiologique chez l'espèce ancestrale d'*Aspidoscelis uniparens*. On pouvait donc supposer une même influence chez cette dernière. Pour en avoir confirmation, il fallait poursuivre les recherches.

Homosexualité fertile

Une autre étudiante de Crews s'est attelée à la tâche. Elle a élevé des femelles *Aspidoscelis uniparens* en isolement ou en compagnie d'autres femelles et comptait le nombre d'œufs qu'elles pondaient. Les premières produisaient seulement huit pontes au cours de la saison de reproduction, alors que les secondes en donnaient trois de plus. Les biologistes ont donc prouvé que le comportement de cour est une composante essentielle du succès reproducteur, aussi bien chez une espèce bisexuelle qu'unisexuelle. Mais Crews ne s'est pas arrêté là. Il souhaitait découvrir quelles hormones étaient responsables du comportement homosexuel chez *Aspidoscelis uniparens* et, plus largement, quel rôle jouait le cerveau dans le comportement sexuel chez cette espèce. Il a mis en place de nombreuses expériences que le lecteur curieux peut retrouver en intégralité dans l'excellent article paru dans le journal *Scientific American* qui a inspiré ces lignes : « Courtship in unisexual lizards : a model for brain evolution ».

L'auteur supposait que le cerveau des femelles qui assument le « rôle du mâle » pourrait être soumis à l'action de la testostérone, hormone sexuelle masculine. Mais le taux de cette hormone dans le sang de ces femelles était toujours très bas et parfois même indétectable à n'importe quel stade de leur cycle ovarien. Le profil hormonal de ces femelles n'a donc pas été altéré lors de l'évolution. Autrement dit, nul besoin de posséder une physiologie masculine pour adopter un comportement dit masculin ou généralement observé chez des mâles. Au cours d'une expérience, Crews et ses étudiants ont opéré des lézards *Aspidoscelis inornatus* mâles afin de prélever leurs testicules, ce qui avait pour effet de supprimer l'action de la testostérone produite par ces organes. Ces mâles ont ensuite été traités avec de la progestérone, une hormone sexuelle féminine produite par les ovaires. Les chercheurs ont été surpris de constater que ces lézards se comportaient comme des mâles ordinaires, faisant la cour et s'accouplant avec les femelles.

Ce résultat est opposé à celui que l'on obtient chez les oiseaux et les mammifères, chez lesquels les mâles traités à la progestérone voient leur activité sexuelle baisser drastiquement. Cela confirme le rôle déclencheur que doit jouer cette hormone chez les femelles qui font la cour et s'accouplent avec leurs congénères. Au cours de l'évolution, les circuits neuronaux du cerveau qui induisent le comportement dit masculin ont été conservés, tandis que l'hormone qui les alimentait, la testostérone, a été remplacée par une autre, la progestérone.

Crews a fait une autre découverte importante : le comportement des lézards *Aspidoscelis uniparens* change au cours de leur cycle ovarien. Lorsqu'elles sont dans la phase folliculaire, avant l'ovulation, elles ont un comportement dit féminin, c'est-à-dire qu'elles se laissent courtiser et embrasser par une partenaire. Il s'agit de la phase la plus propice à la fécondation lors d'un rapport hétérosexuel. Quand les femelles entrent dans la phase lutéale, post-ovulatoire, elles passent au comportement dit masculin et se mettent à faire la cour à leurs congénères. Ces changements comportementaux suivent ceux qui se produisent au niveau hormonal : les œstrogènes sont élevés et la progestérone basse en phase folliculaire, tandis que c'est l'inverse lors du passage à la phase lutéale. Crews et son équipe ont pu confirmer que les taux de chaque hormone étaient fortement liés au comportement sexuel des lézards. Ils ont aussi prouvé que les mêmes circuits neuronaux étaient à l'œuvre dans le comportement sexuel des espèces bisexuelles et unisexuelles.

Lors de recherches ultérieures, Crews a montré que la progestérone a pris la place de la testostérone en alimentant le même circuit neuronal et en jouant le même rôle. Dans un article récent de 2005, il conclut même, à la suite de recherches poussées sur les lézards et les mammifères, que la progestérone et les œstrogènes sont autant des hormones « mâles » que des hormones « femelles ». Voici ce qu'il écrivait déjà en 1987 dans un article paru dans *Scientific American* :

> Nous avons montré comment des comportements essentiels au développement ovarien et au succès reproducteur peuvent être maintenus quand les conditions dans lesquelles ils sont apparus originellement changent. Dans le cas de *C. uniparens*[1], la perte des mâles a simultanément conduit à celle des hormones mâles qui contrôlent normalement le comportement d'accouplement typiquement masculin. Néanmoins, la persistance d'un comportement masculin chez un lézard unisexuel a été possible, car les caractéristiques particulières du cerveau de son ancêtre *C. inornatus*[2] (présence de deux circuits neuronaux qui gèrent les comportements typiquement féminin et masculin et sensibilité des récepteurs androgènes[3] à la progestérone) ont été cooptées pour servir de nouvelle fonction en l'absence de mâles.

Nécessaire diversité comportementale

Ces recherches offrent une base physiologique au concept de sexodiversité proposé au chapitre II. En effet, elles montrent

1. En 1987, *Aspidoscelis uniparens* était nommé *Cnemidophorus uniparens*, la taxonomie ayant évolué entre-temps.

2. De même que précédemment, *Aspidoscelis inornatus* était nommé *Cnemidophorus inornatus* à l'époque où l'article a été écrit.

3. Ordinairement, les récepteurs androgènes sont activés par la testostérone.

comment les souplesses neuronale et hormonale induisent celle du comportement sexuel. Ce sont ces multiples flexibilités qui permettent l'existence de la diversité des comportements sexuels. Ces notions semblent capitales pour comprendre l'homosexualité animale, mais aussi l'importance qu'elle revêt pour l'affinement de la théorie de l'évolution et pour les politiques de protection de la nature. En effet, le concept de diversité comportementale, qui englobe celui de sexodiversité, reste trop peu abordé par les biologistes. La diversité comportementale est pourtant une pièce essentielle de la mosaïque de la vie. Quand on évoque l'importance du maintien de la biodiversité, on pense généralement en termes de diversité d'espèces et de gènes, ce qui est bien évidemment crucial. Mais cela ne suffit pas à garantir la santé des écosystèmes. La diversité comportementale est un élément primordial pour la survie des espèces : que ce soit pour garantir la capacité à trouver des sources de nourriture ou de défense contre les prédateurs ou à se reproduire efficacement. Malheureusement, le maintien de la diversité comportementale est un aspect souvent négligé de l'étude de la biodiversité et des programmes de conservation des espèces menacées. Pourtant, la préservation de cette variabilité des comportements, et donc de la sexodiversité, est un élément à prendre en compte pour la pérennité de la vie sur notre planète, nous espérons l'avoir montré.

IV.

Vies de couple et parentalité

Comme chez les couples hétérosexuels, il existe mille manières de vivre avec un partenaire de même sexe. Des couples stables se font la cour et s'accouplent régulièrement, tandis que certains partenaires, avec lesquels il n'y a pas d'échanges sexuels, sont simplement des coparents qui partagent les activités de soin prodigués aux jeunes. Certains couples entretiennent des relations passagères ou qui durent le temps d'une saison de reproduction. Enfin, les ménages à trois ou à quatre sont aussi une solution qui permet de partager la lourde tâche de l'élevage d'une progéniture.

Gays dauphins

En 2006, l'éthologue spécialiste des dauphins Janet Mann a publié une étude sur le comportement homosexuel du grand dauphin, *Tursiops truncatus.* Malgré la grande attention portée à cette espèce, Janet Mann est la première à avoir effectué dans la nature et sur une longue durée un tel travail. Le comportement de delphineaux vivant dans l'océan Indien a ainsi été suivi à partir de 1988. Les résultats de cette étude sont saisissants. Tout d'abord, la chercheuse a constaté que cette espèce peut être qualifiée d'hypersexuelle. Quantitativement, les grands dauphins dépassent même de loin une autre espèce très connue pour sa sexualité débridée : le bonobo. Les delphineaux mâles expriment quarante fois plus de comportements homosexuels que les femelles bonobos, chez lesquelles ils sont pourtant déjà très fréquents. Les delphineaux femelles sont deux fois plus actives sexuellement que ces mêmes femelles bonobos. De plus, ils diffèrent des autres mammifères, car ils font partie des rares espèces chez lesquelles on observe autant de comportements homosexuels qu'hétérosexuels – généralement, pour une espèce donnée, on observera plus de contacts hétérosexuels qu'homosexuels.

Chez le grand dauphin, des rapports entre individus de même sexe ou de sexe opposé sont observés dans toutes les classes d'âge. Mais ce sont les delphineaux et les juvéniles qui s'y engagent le plus fréquemment. Toutefois, ce comportement semble avoir pour eux une signification différente de celle qu'il a pour les adultes. Il est souvent observé dans un contexte de jeu, et remplit probablement une fonction sociale. Il est reconnu que le jeu préfigure le comportement adulte et constitue une composante essentielle du développement des jeunes mammifères.

Parmi d'autres hypothèses, Mann suppose que les jeux sociosexuels des jeunes dauphins peuvent créer des liens entre les animaux qui auront une utilité dans le futur. Les résultats de son étude tendent à confirmer cette idée. Les dauphins mâles forment des couples homosexuels qui constituent des alliances à long terme. Ces animaux vivent dans des sociétés dites de fission-fusion. Ce terme éthologique qualifie des groupes instables d'animaux qui se forment et se défont au cours du temps et en fonction de leurs activités. L'ensemble des membres d'un groupe élargi, dit groupe parent, peut dormir au même endroit (fusion), tandis que plusieurs sous-groupes se forment durant la journée pour partir s'alimenter (fission). Au cours du temps, certains animaux peuvent aussi quitter un groupe pour en rejoindre un autre. La composition et le nombre d'individus du groupe sont donc fluctuants.

Chez les grands dauphins, les seules relations qui restent stables au cours du temps sont les couples de mâles homosexuels. D'après Mann, ces animaux instaurent entre eux une relation de confiance solide qui commence dès leur enfance et se stabilise vers l'âge de seize ans. À l'âge adulte, ces alliés coopèrent pour poursuivre, capturer et retenir une femelle fertile afin de s'accoupler avec elle. Ils gardent également à distance les autres mâles qui tenteraient de leur soustraire « leur » femelle. Ces alliances pourraient donc leur permettre de se reproduire avec davantage de succès, même si cette hypothèse n'est pas encore prouvée. Les pratiques homosexuelles de ces mâles pourraient aussi constituer un entraînement nécessaire afin de s'accoupler efficacement avec une femelle, car il est aisé pour elle d'échapper à un prétendant. Ce n'est pas non plus prouvé pour le moment. L'intérêt majeur du travail de Mann réside dans sa découverte du fait que le comportement homosexuel régit une part importante de la vie sociale des grands dauphins mâles.

Pères de cygnes

Un couple de cygnes noirs, *Cygnus atratus*, glisse sur l'eau d'un lac australien. Les deux oiseaux se font face et amorcent une parade de salutation. Ils tendent ensemble leur cou et leur bec vers le ciel et ébouriffent les plumes de leurs ailes. La parade nuptiale a commencé. Elle se poursuit avec ce que les ornithologues appellent le *« head-dipping »*, littéralement « tête en plongée ». Les deux partenaires plongent le bec dans l'eau, puis le cou et même le corps tout entier. Ce comportement est un prélude à la copulation. Finalement, un cygne monte sur le second. Ils frottent tous deux leurs cloaques quelques instants. Un observateur non averti en déduit qu'un mâle vient de s'accoupler avec une femelle. Sauf qu'à y regarder de plus près, on s'apercevra qu'il s'agit en réalité de deux mâles. Ces oiseaux peuvent former des couples stables qui durent parfois de nombreuses années.

Durant la saison de reproduction, chaque couple défend un territoire. Comme deux mâles ensemble sont plus forts qu'un couple hétérosexuel – la femelle étant plus petite –, ils s'attribuent souvent de plus larges espaces. La qualité et la taille de ce territoire auront ensuite une influence sur la reproduction des cygnes, car l'accès à de nombreuses et diverses ressources alimentaires permettra d'élever des poussins plus nombreux et en meilleure santé. En effet, les couples de cygnes noirs homosexuels ne se contentent pas de parader et de s'accoupler. Ils élèvent aussi des jeunes. Bien sûr, ces oiseaux ne peuvent se féconder mutuellement, mais ils utilisent des moyens détournés afin d'arriver à leurs fins.

Deux méthodes sont mises en œuvre par le couple afin d'obtenir une couvée. La première consiste, pour l'un des deux mâles, à s'associer temporairement à une femelle. Ils construisent ensemble un nid, puis il s'accouple avec elle. Une fois les œufs pondus, le mâle la chasse et s'approprie le nid, qu'il couvera et élèvera ensuite avec son partenaire masculin. La seconde méthode est plus simple : les deux mâles chassent un couple hétérosexuel afin de s'approprier sa couvée. La réussite reproductive des couples homosexuels est souvent plus élevée que celle des couples hétérosexuels, en raison de leur accès aux meilleurs emplacements de nidification et à la taille accrue de leurs territoires. En moyenne, 80 % des couvées de parents homosexuels survivent, tandis que ce chiffre est réduit à 30 % chez les couples hétérosexuels.

Grizzlys coparents

Quand on imagine une famille de grizzlys, l'image qui vient à l'esprit est celle d'une femelle qui déambule sur une prairie d'Alaska, suivie par de jeunes oursons qui courent et font des roulés-boulés. En effet, la famille grizzly traditionnelle ressemble tout à fait à cela. Mais d'autres arrangements existent. Dans les années 1960, des frères jumeaux naturalistes et chercheurs, Frank et John Craighead, ont étudié le comportement de ces ours dans le célèbre parc de Yellowstone aux États-Unis. Ils ont été les premiers à étudier les plantigrades à l'aide du *radiotracking*, un collier émetteur installé autour du cou des animaux permettant de suivre leurs déplacements grâce à une antenne radio. Leur étude a notamment permis de mettre en évidence l'existence d'associations entre femelles qui deviennent les coparents de leurs oursons. Aucune activité sexuelle n'a été observée entre ces animaux, ce qui ne signifie toutefois pas qu'elle n'a jamais lieu.

Ces femelles forment une cellule familiale au sein de laquelle les oursons tètent l'une ou l'autre mère. Le couple forme un lien fort, et les membres de cette famille se déplacent et s'alimentent ensemble tout au long de l'été et de l'automne, jusqu'à l'entrée en hibernation. Les deux femelles se protègent mutuellement, ainsi que leurs oursons, contre les attaques des grizzlys mâles. Elles gardent et défendent également les carcasses de bisons et d'élans qu'elles chassent ou découvrent lors de leurs déplacements. Si l'une des deux femelles vient à mourir, la seconde adopte généralement ses petits et continue à s'en occuper comme s'il s'agissait des siens.

Les frères Craighead ont étudié le comportement des grizzlys à l'approche de l'hiver et la préparation de leur terrier pour l'hibernation. À cette occasion, ils ont découvert un fait intéressant. Durant l'été 1966, ils ont observé que la femelle n° 40 et ses deux petits avaient établi une relation avec la femelle n° 101 et son ourson. Cette association a modifié leur comportement habituel de pré-hibernation. Habituellement, les grizzlys cherchent des lieux éloignés des autres ours de plusieurs kilomètres afin d'y installer leur terrier. Au lieu de retourner sur son site habituel d'hibernation, qui se situait à environ 25 km de celui de sa compagne, la femelle n° 40 a déménagé afin de s'installer dans un nouveau terrier à seulement 2 km. De plus, la famille semblait réticente à se séparer, voyageant d'un terrier à l'autre, ce qui est contraire au comportement habituel des plantigrades à cette période. D'habitude, les femelles comme les mâles cherchent plutôt à s'isoler de leurs congénères.

Le printemps suivant, les deux femelles se retrouvèrent et reprirent le cours de leur relation, mais sur un mode différent. N° 40 sevra ses petits et se reproduisit de nouveau. N° 101 garda son propre petit auprès d'elle et adopta les rejetons sevrés de sa compagne. L'aide de la seconde a permis à la première d'être de nouveau fertile plus rapidement que d'ordinaire. En effet, une femelle seule s'occupe habituellement de ses oursons pendant deux à trois ans avant de pouvoir se reproduire à nouveau. L'association de deux adultes permet aussi une meilleure survie des jeunes de l'année qui sont très vulnérables à la prédation. Parfois, ce sont même trois, quatre ou cinq femelles qui s'associent ainsi.

Ménages à trois ou à quatre

Des compagnonnages de plus de deux individus s'observent chez certaines espèces de mammifères et d'oiseaux. Des trios et des quartets hétérosexuels, bisexuels et homosexuels existent, dans lesquels toutes les combinaisons sont possibles. Dans un trio hétérosexuel de flamants roses, par exemple, qui comprend deux femelles et un mâle, ce dernier fait la cour à chacune des femelles, mais elles n'ont pas de rapports homosexuels entre elles. En revanche, les trois oiseaux partagent les tâches d'incubation et de nourrissage des jeunes.

Les trios hétérosexuels s'observent en majorité chez les oiseaux et sont très rares chez les mammifères. Mais ils existent chez le rat-kangourou à nez court, un marsupial australien chez lequel deux femelles et un mâle coexistent.

Le cas du trio et du quartet bisexuel s'observe uniquement chez les oiseaux. Les membres peuvent être tous liés entre eux et afficher des comportements de cour et d'accouplement. Parfois, seuls certains membres partagent des rapports homosexuels. Chez les oies cendrées, il est fréquent d'observer des couples homosexuels mâles. Ces jars occupent souvent un statut social élevé au sein de leur colonie, car ils se montrent plus agressifs que les couples hétérosexuels. Ils sont aussi plus vigilants et souvent observés en périphérie du groupe, ce qui peut laisser penser qu'ils jouent un rôle dans la protection de la colonie. Ils seront en effet mieux à même de donner l'alerte en cas d'attaque d'un prédateur.

Il arrive qu'une femelle tente de s'associer à un tel couple. Elle peut être rejetée ou admise. Dans ce cas, elle s'accouplera avec l'un ou l'autre des jars et parfois avec les deux. Cependant, son lien avec ces oiseaux n'est jamais aussi constant que celui qu'entretiennent les deux mâles. Quand la femelle pond, les trois animaux partagent les tâches d'élevage des jeunes. Dans cette espèce, il arrive aussi que trois mâles forment un trio homosexuel qui accepte ensuite une femelle en son sein, formant ainsi un quartet.

Le cas des huîtriers pies qui vivent en trios bisexuels a été bien documenté. Deux femelles s'associent avec un mâle, et les trois oiseaux entretiennent des liens forts et constants, qui peuvent durer de quatre à douze ans, soit autant que les couples hétérosexuels. Ils se toilettent mutuellement et défendent tous les trois leur territoire. Les deux femelles s'accouplent entre elles, ainsi qu'avec le mâle. Ils construisent ensemble un nid où les deux femelles pondent. La couvée compte jusqu'à sept œufs, tandis que le maximum pour un couple hétérosexuel est de quatre ou cinq. Chaque membre du trio participe à l'incubation des œufs et à l'élevage des oisillons. Le seul problème est que la quantité d'œufs est souvent trop importante pour qu'un oiseau puisse les couvrir tous. Certains n'éclosent donc pas, et les trios élèvent souvent moins de petits que les couples hétérosexuels.

Chez les mammifères, ces ménages homosexuels à trois ou à quatre existent également. Chez les éléphants d'Afrique, mâles et femelles vivent séparément, ces dernières formant des groupes familiaux matriarcaux, dirigés par une femelle âgée. Les mâles vivent aussi en groupe ou sont solitaires. Les deux sexes ne se rencontrent qu'à la saison de reproduction. Certains mâles plus âgés s'associent avec un ou deux mâles plus jeunes et deviennent de proches compagnons. Les plus jeunes aident souvent leur aîné en dégageant le passage devant lui ou en faisant le guet pour lui. Parfois, c'est l'éléphant plus âgé qui aide le plus jeune, s'il souffre par exemple d'un handicap. Ces duos et ces trios vivent séparés des autres éléphants et forment des liens durables.

Couples lesbiens chez les poissons tropicaux

Nous avons exploré l'homosexualité chez des insectes, des reptiles, des oiseaux et des mammifères. Le lecteur soucieux d'équité se posera peut-être la question suivante : et les poissons ? Eux non plus ne sont pas étrangers à ces comportements. Les études qui les décrivent ont été effectuées en captivité, car il est très difficile, pour des raisons techniques, de faire de telles observations dans le milieu naturel. La plupart des articles présentent des études tout à fait dignes d'intérêt, mais plutôt anciennes. D'où la nécessité de prêter attention à une étude parue en 2017 que j'ai eu le bonheur de trouver. Au sein d'une équipe brésilienne, Douglas da Cruz Mattos a observé et rapporté la formation de couples de femelles chez le discus commun, un poisson amazonien couramment élevé en aquarium.

Les chercheurs étudient son comportement reproducteur en captivité, car ce poisson est très demandé par les amateurs, mais son développement et sa reproduction sont peu connus. Une meilleure connaissance de sa biologie est donc importante pour favoriser sa reproduction en captivité et ainsi limiter la capture de spécimens dans la nature. Chez le discus commun, les deux parents prennent soin de leur progéniture en maintenant les œufs et les larves sur un substrat dans lequel ils sont déposés. Les adultes cessent seulement de s'occuper des jeunes lorsque ces derniers sont capables de prendre leur indépendance.

Les chercheurs ont décidé d'observer le comportement des couples et de laisser les poissons choisir librement leur partenaire. Pour ce faire, ils ont sélectionné 42 adultes qu'ils ont répartis par groupes de 6 dans 7 aquariums. Comme les deux sexes n'affichent pas de différence physique, il n'était pas possible de les distinguer. Seul le comportement de ponte ou de dépôt de sperme permettait ensuite d'identifier le sexe de chacun. Les 6 individus de chaque aquarium pouvaient donc choisir un partenaire librement. Les chercheurs considéraient que 2 poissons formaient un couple à partir du moment où ils se mettaient à nettoyer un substrat ensemble, activité typique qui précède le frai. Ils ont ainsi identifié 15 couples, dont ils ont observé les comportements reproductif et parental.

Les 15 duos ont tous frayé, mais les œufs de 3 couples se sont révélés infertiles. Les chercheurs ont découvert que les membres de ces couples étaient tous des femelles. Leurs pontes comptaient plus d'œufs que celles des autres, ce qui signifie que les 2 membres du couple y avaient contribué. Les 2 femelles exhibaient un comportement parental habituel chez cette espèce, aérant le frai avec des battements de nageoires et retirant les premiers œufs identifiés comme étant infertiles.

Après avoir constaté l'homosexualité de ces poissons, les chercheurs les ont séparés et ont placé chaque femelle dans un aquarium avec un mâle identifié comme tel et dont la fertilité avait été vérifiée. Elles se sont toutes reproduites normalement avec ce mâle. Mattos signale que cette observation est importante, car les cas d'homosexualité généralement répertoriés chez les poissons impliquent des individus non reproductifs, ce qui n'était pas le cas ici. Les auteurs avouent ne pas pouvoir expliquer pourquoi ces poissons forment des couples homosexuels et appellent de leurs vœux de nouvelles expériences sur le sujet.

Pour intéressante qu'elle soit, cette étude me semble incomplète. 15 couples ont été sélectionnés parmi 42 individus. Ce qui signifie que 12 discus sont restés « célibataires ». A-t-il été possible de tester ces individus par la suite afin de savoir s'ils étaient mâles ou femelles ? Cette information est importante si l'on cherche à tirer des conclusions relatives au choix de partenaire opéré par les femelles. Si elles se sont retrouvées dans un aquarium où il n'y avait pas assez de mâles pour chacune, elles ont pu choisir de se mettre en couple avec une femelle car aucun autre choix n'était possible. Ce serait le fameux « effet prison », qui conduit certains individus à se tourner vers l'homosexualité, leurs conditions de captivité ne leur offrant pas d'autres possibilités, à part l'abstinence. En revanche, s'il y avait des mâles parmi les individus qui sont restés seuls, cela indiquerait un véritable choix de la femelle en faveur d'une compagne plutôt que d'un compagnon.

Il serait aussi intéressant de tenter d'obtenir des informations sur le comportement de ces poissons dans la nature. En effet, dans l'étude présentée ici, les œufs de ces couples de femelles ne pouvaient pas être fertilisés puisqu'elles étaient isolées des mâles avant de pondre. Dans la nature, il existe peut-être des trios de deux femelles et un mâle qui permettent la fertilisation des œufs. Ou bien, un mâle pourrait venir déposer son sperme avant de reprendre sa route, laissant les deux femelles prendre soin de la progéniture. Les conditions de telles recherches dans la nature seraient bien évidemment délicates, mais il serait aussi possible (et passionnant) de tester ces hypothèses en captivité. À bon entendeur…

V.

Animaux transgenres et transsexuels

Le concept de sexodiversité ne se fonde pas seulement sur la variété des comportements hétérosexuels et homosexuels que l'on observe dans le monde animal, le genre et le sexe biologique des animaux sont aussi des notions variables et mouvantes. Être mâle ou femelle, être mâle et femelle, naître mâle puis devenir femelle, naître femelle puis devenir mâle, être mâle et se comporter en femelle, être femelle et se comporter en mâle, autant de combinaisons possibles que la nature utilise pour nourrir la sexodiversité.

Ainsi, il existe bel et bien des animaux transgenres et transsexuels. Chez l'être humain, les termes « transgenre » et « transsexuel » désignent des personnes qui questionnent leur identité sexuelle psychologique et/ou physique. Ces individus s'identifient psychologiquement au sexe opposé à leur sexe biologique. Cependant, les personnes transsexuelles souhaitent changer physiquement de sexe par le biais de médicaments hormonaux et d'opérations chirurgicales, tandis que les personnes transgenres n'en ressentent pas le besoin. À propos des animaux, nous utiliserons le terme « transgenre » pour parler d'individus qui adoptent un comportement typiquement femelle alors qu'ils sont physiquement mâles, et réciproquement. Le terme « transsexuel » sera employé pour des animaux qui changent véritablement leur sexe biologique au cours de leur vie, et qui, en conséquence, modifient également leur comportement.

Le choix du bélier : homosexuel ou efféminé ?

Dans les années 1970, le biologiste Valerius Geist étudiait le comportement des mouflons dans les montagnes du Canada. Dans son ouvrage de 1975, *Mountain Sheep and Man in the Northern Wilds* (non traduit en français), il décrit son expérience de chercheur face au comportement homosexuel de ces animaux, et avoue, sans la nommer, l'homophobie qui a longtemps voilé son objectivité scientifique :

> Je grimace encore au souvenir du vieux bélier-D montant bélier-S de manière répétée. Bélier-D utilisait bélier-S de la même façon qu'un bélier en rut utiliserait une femelle en chaleur. Cette idée m'est venue lors de mes observations du comportement de reproduction et lorsque j'ai vu comment une femelle en chaleur se comportait vis-à-vis du mâle en rut. Sa prérogative à elle était de lui donner des coups de tête et de se frotter à lui, de l'exciter avec des courses aguicheuses, des contacts corporels et des démonstrations agressives. Elle utilisait l'agression et les taquineries pour inciter le mâle au sexe. En substance, les mâles subordonnés agissaient comme des femelles en chaleur. Incapable d'assimiler d'un coup cette réalisation, j'ai

> appelé ces comportements du mâle « agressosexuels », car le fait que les mâles aient évolué en une société homosexuelle était émotionnellement au-dessus de mes forces. Concevoir que ces magnifiques créatures soient « homos » – oh, Dieu ! J'ai soutenu pendant deux ans que, chez les mouflons, les comportements agressifs et sexuels ne pouvaient être séparés ; qu'ils étaient les deux faces d'une même médaille ; que l'on doit les nommer comportements agressosexuels et rien d'autre, et ainsi de suite. Je n'ai jamais publié ces balivernes et j'en suis heureux. Un peu de vérité, assimilée petit à petit, constitue un merveilleux médicament ; mais une grosse dose d'un coup secoue par trop les certitudes. Finalement, j'appelai un chat un chat et admis que les béliers vivent dans une société essentiellement homosexuelle.

L'existence de cette société animale essentiellement homosexuelle est déjà surprenante, mais l'histoire ne s'arrête pas là. On observe en effet une variabilité comportementale tout à fait passionnante au sein de cette espèce. La norme homosexuelle de cette société n'est pas suivie par tous : certains cherchent à éviter les rapports sexuels avec les autres mâles en se comportant comme des femelles ! Chez les mouflons, mâles et femelles vivent en hardes séparées et ne se retrouvent qu'à la saison de reproduction. Les femelles ne permettent aux mâles de s'accoupler avec elles qu'à cette période, lorsqu'elles sont en chaleur. Le reste de l'année, elles refusent ostensiblement les rapports sexuels. De leur côté, les mâles copulent fréquemment entre eux toute l'année. Toutefois, un petit nombre de mâles sont « efféminés » : ils restent avec les femelles toute l'année et imitent leur comportement. Comme elles, ils refusent tout rapprochement sexuel avec d'autres mâles et le font savoir de la même façon. Ils sont aussi moins agressifs que les mâles et adoptent la même position que les femelles pour uriner. En refusant l'accouplement avec leurs congénères mâles, ces mouflons se comportent de manière typiquement féminine. Ces animaux sont des « rebelles » qui se détournent des activités typiquement masculines de leur société[1].

Oiseau transgenre

La paruline à capuchon, *Setophaga citrina*, est un petit passereau américain qui tire son nom des plumes noires que seul le mâle porte sur la tête et le cou et qui, plutôt qu'un capuchon, dessinent une forme de cagoule. En anglais, son nom est *« hooded warbler »*, ce qui signifie littéralement « paruline à cagoule ». Dans cette espèce, le mâle ne contribue que très rarement à la construction du nid et jamais à la couvaison. Certaines femelles ressemblent parfois très fortement à des mâles et portent la fameuse cagoule. À l'œil nu, il est impossible de les distinguer de véritables mâles.

En 1988, le biologiste Daniel Niven observa un oiseau au plumage masculin, portant la fameuse cagoule, qui se mit à construire un nid en plein milieu du territoire d'un mâle, appelé X. Il imagina qu'il devait s'agir d'une de ces femelles au plumage inhabituel. Mais il fut plus tard confirmé que cet oiseau était bel et bien un mâle. Bien vite, le biologiste

1. J. Berger, « Instances of female-like behaviour in a male ungulate », in *Animal Behaviour*, 33 (1), 1985, p. 333-335.

se rendit compte que cet oiseau se tenait sur le nid, en train, apparemment, de couver. Mais il ne pouvait voir s'il y avait des œufs à l'intérieur. Durant les dix jours qui suivirent, Niven observa cet oiseau sur son nid, qu'il ne quittait qu'occasionnellement, pour se nourrir, reprenant ensuite systématiquement son poste.

Pendant ce temps, X chantait comme il se doit. Malgré l'apparence masculine de l'oiseau en train de couver, X ne l'a jamais agressé, comme il l'aurait fait avec n'importe quel intrus de sexe masculin qui aurait franchi les limites de son domaine. Un jour, le mâle X fut observé en train de se poser sur le nid et de nourrir l'oiseau en train de couver. Quelques jours plus tard, il vint nourrir des oisillons. Comment était-ce possible ? Niven supposa qu'il pouvait s'agir de petits vachers à tête brune, *Molothrus ater*, car cette espèce parasite parfois des nids vides. La femelle y dépose ses œufs à la manière du coucou et laisse d'autres parents les élever.

L'auteur vit ensuite les deux oiseaux nourrir les petits avec des insectes. Niven décida alors de capturer l'étrange oiseau, nommé Y. Il constata qu'il ne possédait pas de plaque d'incubation sur le ventre comme les femelles, et tous les autres indices morphologiques montrèrent qu'il s'agissait bien d'un mâle typique. Le nid de ces oiseaux a ensuite subi une prédation, si bien que le couple s'est séparé, et Y a été observé quelque temps plus tard sur le territoire d'un autre mâle.

L'année suivante, Y a de nouveau été observé en train de couver un nid qui contenait deux oisillons : un vacher à tête brune, une paruline à capuchon et un œuf. Il adoptait une nouvelle fois un comportement typiquement féminin.

Il couvait, se laissait nourrir par son nouveau compagnon, le mâle Z, et apportait de la nourriture à ses petits. Son nid fut une nouvelle fois détruit par un prédateur.

En 1990, Niven entendit cet oiseau chanter pour la première fois, le chant étant un comportement typiquement masculin chez cette espèce. Cependant, le sien était différent de celui de ses congénères du même sexe. Il était comme abrégé et utilisait une syntaxe différente. Le biologiste décida de capturer et de sacrifier cet oiseau afin d'observer ses testicules. Ils se révélèrent absolument normaux et l'autopsie confirma une fois pour toutes le sexe masculin de cet animal. Cette étude n'expose donc pas seulement le cas d'une parentalité homosexuelle comme ceux discutés dans le chapitre précédent, mais bien l'exemple d'un animal transgenre, dont tous les caractères sexuels sont masculins, mais qui se comporte comme une femelle[1].

Poissons transsexuels

Les poissons, dont les comportements homosexuels ont été observés chez de multiples espèces, notamment en captivité, sont les animaux les plus concernés par la transsexualité et les changements de sexe. Les mérous bruns, *Epinephelus marginatus*, naissent tous femelles. Elles assurent leur rôle reproducteur maternel pendant une période de dix ans avant

1. D. K. Niven, « Male-male nesting behavior in Hooded Warblers », in *The Wilson Bulletin*, 105 (1), 1993, p. 190-193.

de changer de sexe. Leurs ovaires se transforment en testicules et elles deviennent alors mâles.

Le célèbre poisson-clown dont on raconte les aventures dans *Le Monde de Nemo*, de Pixar, fait partie d'une famille comptant une trentaine d'espèces, qui vivent au cœur d'une dizaine d'espèces d'anémones. Poissons et anémones entretiennent une relation mutualiste qui bénéficie aux deux parties. Le poison de l'anémone n'atteint pas le poisson-clown, mais reste très dangereux pour tout prédateur qui s'en approcherait. Nemo et ses semblables sont donc protégés tant qu'ils restent au milieu des tentacules de leur hôte. Les avantages que l'anémone retire de cette association ne sont pas connus avec certitude, mais il semble que le poisson-clown la protège contre les poissons-papillons qui s'attaquent à ses tentacules.

Les poissons-clowns vivent seuls, en couple ou en groupe dans une anémone. Les groupes sont constitués d'un couple et de mâles immatures. Dans le couple, comme la femelle est plus grosse que le mâle, elle domine socialement les autres poissons. Elle présente des ovaires fonctionnels, mais aussi des tissus testiculaires dégénérés. Le mâle, pour sa part, possède des testicules fonctionnels et des ovaires à l'état latent. Si la femelle vient à mourir (ou à être pêchée pour être vendue dans une animalerie en raison du succès du film d'animation), le mâle ne change pas de territoire, mais va plutôt changer de sexe. Les testicules cessent de fonctionner et les ovaires « se réveillent ». Nemo, devenu Nema, attire alors un nouveau compagnon. Quand elle vit dans un groupe, elle choisit le plus gros mâle de l'assemblée. Tout nouveau mâle qui intègre le groupe devra attendre son tour pour devenir femelle en fonction de la hiérarchie instituée. Le moment venu, il changera de sexe et deviendra la dominante de l'anémone.

Femelle, puis mâle, puis femelle

Certains poissons opèrent des changements de sexe encore plus incroyables, car ils sont successifs. Ils semblent changer de sexe comme de chemise ! C'est le cas de certains gobies. Chez ces petits poissons qui vivent dans les coraux, les femelles peuvent devenir des mâles, puis redevenir des femelles. Les organes sexuels sont capables de se modifier à l'envi. Les tenants et les aboutissants du phénomène de changement de sexe chez les poissons sont complexes et les fonctions adaptatives multiples. On peut penser que cette capacité permet une meilleure adaptabilité aux conditions changeantes du milieu naturel. Imaginons que les mâles d'une population soient éradiqués par une maladie ou un prédateur ; si les femelles ne peuvent pas changer de sexe, elles ne pourront pas se reproduire. Mais si certaines se transforment en mâles, ces derniers deviendront de nouveaux géniteurs et la population pourra se pérenniser. Au même titre que l'homosexualité, la transsexualité représente ainsi une facette de la sexodiversité.

Conclusion

La nature et la morale

> Si les animaux se comportent d'une façon que nous jugeons bonne, nous la qualifions de « naturelle ». S'ils font quelque chose qui nous déplaît, nous appelons ce comportement « bestial ».
>
> James Weinrich, « Is Homosexuality Biologically Natural ? », 1982.

DANS LES PAGES qui précèdent, nous avons présenté les nombreuses données scientifiques qui permettent d'affirmer que l'homosexualité existe bel et bien dans le monde animal et qu'elle constitue donc un comportement naturel.

Dans l'histoire de la civilisation occidentale, la tendance à utiliser ce que l'on sait ou ce que l'on croit savoir de la nature afin d'en faire un étalon du bien et du mal est une constante établie depuis longtemps. Rien d'étonnant donc à ce que l'homosexualité se trouve particulièrement touchée par cette habitude qui convie la nature au débat moral lorsqu'il s'agit de juger des orientations et des pratiques sexuelles des individus.

Alors, il est faux de la présenter comme « anti-naturelle » et d'en prendre prétexte pour la condamner chez l'être humain ; et, pire encore, pour condamner les homosexuels à des peines allant, dans certains cas, jusqu'à la mort. Ce type d'opinion n'est pas le fait du seul homme de la rue. En 2013, Robert Mugabe, le dictateur du Zimbabwe, déclarait : « Les animaux sont plus sensés que les gays et les lesbiennes, car ils connaissent leur orientation sexuelle. »

Bien que les textes de philosophie n'aient pas vocation à avoir valeur documentaire, on rappellera que, dès l'Antiquité, Platon condamnait l'homosexualité dans les *Lois* en ces termes :

> Nos concitoyens ne doivent pas être pires que les oiseaux et beaucoup d'autres animaux, qui, élevés parmi de grands troupeaux, vivent chastes et purs, sans connaître l'accouplement jusqu'à ce qu'ils soient en âge de faire des petits et qui, parvenus à cet âge, s'unissent, mâle avec femelle et femelle avec mâle, en vue de l'amour, et vivent dès lors suivant les lois de la sainteté et de la justice, s'en tenant aux premiers engagements de leur amitié. Or il faut que nos citoyens soient meilleurs que les animaux.
>
> Platon, *Lois*, VIII, 840d3-e2.

Nous avons vu comment les jugements portés sur l'homosexualité ont pu évoluer avec le temps, selon qu'ils considèrent que les rapports homosexuels relèvent de l'animalité et éloignent ainsi de l'humain, ou qu'ils sont vus comme anti-naturels, donc inacceptables. Il a bien existé, comme chez les Grecs anciens, des exemples où l'homosexualité masculine était célébrée comme une pratique élevant l'homme au rang d'être supérieur. Dans *Les Amours*, Lucien (vers 120-180 ap. J.-C.) écrit ainsi :

> Peut-on trouver extraordinaire que des animaux, condamnés par leur nature même à ne recevoir de la Providence aucune des prérogatives que donne la raison, soient privés, entre autres jouissances, des plaisirs de l'amour masculin ? Les lions n'aiment pas les lions, mais ils ne sont pas philosophes. Les ours n'aiment pas les ours, mais ils ne connaissent pas les douceurs de l'amitié. Chez les hommes, au contraire, la raison, guidée par le savoir, choisissant ce qu'il y avait de plus beau, après de fréquentes expériences, a sanctionné, comme étant les plus solides, les amours pédérastiques.
>
> *Les Amours*, XXXVIII.

Enfin, pour certains, nourris de la tradition rousseauiste, les comportements naturels sont considérés comme intrinsèquement bons. C'est l'argumentation d'André Gide (1869-1951) dans *Corydon*, un essai paru pour la première fois en 1911, dans lequel diverses observations scientifiques qui attestent l'existence de comportements homosexuels dans la nature sont reprises. Gide cite notamment le célèbre entomologiste Jean-Henri Fabre (1823-1915). Ce dernier avait observé l'accouplement de cérocomes mâles qui s'entassaient les uns sur les autres. Le savant en avait conclu de manière poétique : « ainsi se trompent, un moment, les chagrins des refusés ». Gide s'adresse à Fabre pour contredire son interprétation des choses :

> Ô Fabre ! Patient observateur, avez-vous observé si c'est vraiment après refus que ces chevauchées homosexuelles s'organisent ? Est-ce seulement pour avoir été rebutés que ces mâles copulent entre eux ? Ou n'y vont-ils pas d'emblée ?

Peut-on suivre le raisonnement de l'écrivain, qui consiste à dire que l'homosexualité doit être acceptée et, de son point de vue, même encouragée, parce qu'elle existe dans la nature ?

La nature ne peut être utilisée comme une boussole dont l'aiguille désignerait la direction morale à suivre par les sociétés humaines. Qu'un comportement existe ou non dans le monde animal, il revient aux êtres humains de décider pour eux-mêmes de son caractère acceptable ou condamnable.

L'homosexualité n'est qu'une facette normale de la sexualité des animaux et des êtres humains, et ne peut en aucun cas être rangée parmi les crimes, si elle implique des individus consentants. En revanche, l'homophobie est une source de grande souffrance pour les personnes qui la subissent et doit être condamnée.

Je forme le vœu que le travail présenté ici concoure à une meilleure connaissance de la diversité des comportements sexuels dans le monde animal. C'est pourquoi, j'espère modestement qu'il participera à l'ouverture des esprits et des consciences vers un respect toujours plus affirmé des droits des personnes homosexuelles, bisexuelles et transgenres.

Bibliographie[1]

Avant-propos

Th. Lodé, *La Guerre des sexes chez les animaux*, Paris, Odile Jacob, 2007.

—, *La Biodiversité amoureuse. Sexe et évolution*, Paris, Odile Jacob, 2011.

Introduction

B. Bagemihl, *Biological Exuberance. Animal Homosexuality and Natural Diversity*, New York, St. Martin's Press, 1999.

I. Histoire d'un tabou

« Accouplement anormal entre des *Lucanus cervus* mâles », in *Miscellanea entomologica*, 3 (8), 1895, p. 100.

1. Les traductions de l'anglais dans les citations données dans le corps de l'ouvrage sont de l'auteure.

Aristote, *De la génération des animaux*, texte établi et traduit par P. Louis, Paris, Les Belles Lettres, « Collection des Universités de France », 1961.

—, *Histoire des animaux*, texte établi et traduit par P. Louis, Paris, Les Belles Lettres, « Collection des Universités de France », 1964.

B. Bagemihl, *Biological Exuberance. Animal Homosexuality and Natural Diversity*, New York, St. Martin's Press, 1999.

J. Boswell, *Christianisme, tolérance sociale et homosexualité. Les homosexuels en Europe occidentale des débuts de l'ère chrétienne au XIVe siècle*, traduction de A. Tachet, Paris, Gallimard, 1986.

Ch. Cahier et A. Martin, Le *Physiologus ou Bestiaire*, in *Mélanges d'archéologie, d'histoire et de littérature*, Paris, 1851.

Clément d'Alexandrie, *Le Pédagogue*, traduction de M. Harl, introduction et notes de H.-I. Marrou, Paris, Éditions du Cerf, 1970.

G. Edwards, *Gleanings of Natural History*, Londres, Royal College of Physicians, 1760.

Épître de Barnabé, introduction, traduction et notes de P. Prigent, texte grec établi et présenté par R. A. Kraft, Paris, Éditions du Cerf, 1971.

C. Féré, « Les perversions sexuelles chez les animaux », in *Revue Philosophique de la France et de l'Étranger*, 43, 1897, p. 494-503.

H. Gadeau de Kerville, « Perversion sexuelle chez les coléoptères mâles », in *Bulletin de la Société entomologique de France*, 65, 1896, p. 85-87.

T. H. Gillespie, *A Book of King Penguins*, Londres, Herbert Jenkins, 1932.

Journal officiel de la République française, 1884.

F. Karsch, « Päderastie und Tribadie bei den Tieren auf Grund der Literatur », in *Jahrbuch der sexuellen Zwischenstufen*, 2, 1900.

A. Laboulbène, « Examen anatomique de deux *Melolontha vulgaris* trouvés accouplés et paraissant de sexe mâle », in *Annales de la Société entomologique de France*, 1859.

G.-L. Leclerc, comte de Buffon, *Histoire naturelle générale et particulière*, t. II, Paris, Imprimerie de F. Dufart, 1785.

A. Moll, *Les Perversions de l'instinct génital. Étude sur l'inversion sexuelle basée sur des documents officiels*, Paris, G. Carré et C. Naud, 1897.

P. Noël, « Les Accouplements anormaux chez les insectes », in *Miscellanea entomologica*, 3 (9), 1895, p. 114.

M. Peragallo, « Seconde note pour servir à l'histoire des Lucioles », in *Annales de la Société entomologique de France*, 21, 1863, p. 661-665.

J. Ray, *The Ornithology of Francis Willughby*, Londres, John Martyn, 1972 [1re éd. en latin, 1676 ; 1re éd. anglaise, 1678].

R. Rollinat et E. L. Trouessart, « Sur la reproduction des chauves-souris », in *Mémoires de la Société zoologique de France*, 1896.

J. Roughgarden, *Evolution's Rainbow. Diversity, Gender, and Sexuality in Nature and People*, Berkeley, Los Angeles et Londres, University of California Press, 2013.

I. Scharf et O. Y. Martin, « Same-sex sexual behavior in insects and arachnids : prevalence, causes, and consequences », in *Behavioral Ecology and Sociobiology*, 67 (11), 2013, p. 1719-1730.

E. Selous, « Observations tending to throw light on the question of sexual selection in birds, including a day-to-day diary on the breeding habits of the ruff *(Machetes pugnax)* », in *The Zoologist*, 4 (10), 1906, p. 201-219.

V. Sommer et P. L. Vasey, *Homosexual Behaviour in Animals. An Evolutionary Perspective*, Cambridge, Cambridge University Press, 2006.

B. Van De Walle et J. Vergote, « Traduction des *Hieroglyphica* d'Horapollon », in *Chronique d'Égypte*, 18 (35), 1943, p. 39-89.

J. Whitaker, « Swans' nests », in *The Zoologist*, 9, 1885, p. 263-264.

L. D. Wolfe, « Human Evolution and the Sexual Behavior of Female Primates », in J. D. Loy et C. B. Peters (éd.),

Understanding, Behavior. What Primate Studies Tell Us about Human Behavior, New York, Oxford University Press, 1991, p. 121-151.

II. Comprendre l'homosexualité animale

J. S. Akers et C. H. Conaway, « Female homosexual behavior in *Macaca mulatta* », in *Archives of Sexual Behavior*, 8 (1), 1979, p. 63-80.

J. D. Baker, C. L. Littnan et D. W. Johnston, « Potential effects of sea level rise on the terrestrial habitats of endangered and endemic megafauna in the Northwestern Hawaiian Islands », in *Endangered Species Research*, 2, 2006, p. 21-30.

B. Bagemihl, *Biological Exuberance. Animal Homosexuality and Natural Diversity*, New York, St. Martin's Press, 1999.

J. Balcombe, *Pleasurable Kingdom. Animals and the Nature of Feeling Good*, Basingstoke et New York, Palgrave Macmillan, 2006.

L. Bartoš et J. Holeèková, « Exciting ungulates : male-male mounting in fallow, white-tailed and red deer », in V. Sommer et P. L. Vasey (éd.), *Homosexual Behaviour in Animals. An Evolutionary Perspective*, Cambridge, Cambridge University Press, 2006, p. 154-171.

G. Bataille, *La Part maudite*, Paris, Éditions de Minuit, 2014.

G. R. Brower et G. H Kiracofe, « Factors associated with the buller-steer syndrome », in *Journal of Animal Science*, 46 (1), 1978, p. 26-31.

S. Camazine, « Self-organizing pattern formation on the combs of honey bee colonies », in *Behavioral Ecology and Sociobiology*, 28 (1), 1991, p. 61-76.

J. Carranza, S. J. Hidalgo De Trucios et V. Ena, « Mating system flexibility in the great bustard : a comparative study », in *Bird Study*, 36 (3), 1989, p. 192-198.

S. Chevalier-Skolnikoff, « Homosexual behavior in a laboratory group of stumptail monkeys *(Macaca arctoides)* : Forms, contexts, and possible social functions », in *Archives of Sexual Behavior*, 5 (6), 1976, p. 511-527.

Ch. Darwin, *L'Origine des espèces* [1859], texte établi par D. Becquemont à partir de la traduction de E. Barbier ; introduction, chronologie et bibliographie de J.-M. Drouin, Paris, Flammarion, 1992.

R. Dawkins, *Le Gène égoïste*, traduction de Laura Ovion, Paris, Odile Jacob, 2003.

F. B. M. De Waal, « Tension regulation and nonreproductive functions of sex in captive bonobos *(Pan paniscus)* », in *National Geographic Research*, 3, 1987, p. 318-338.

—, « Sociosexual behavior used for tension regulation in all age and sex combinations among bonobos », in J. R. Feierman (éd.), *Pedophilia. Biosocial Dimensions*, New York, Springer, 1990, p. 378-393.

—, *Le Singe en nous*, traduction de Marie-France de Paloméra, Paris, Fayard, 2011.

J. M. Diamond, « Goslings of gay geese », in *Nature*, 340, 1989, p. 101.

B. Fruth, G. Hohmann, P. Vasey et V. Sommer, « Social grease for females ? Same-sex genital contacts in wild bonobos », in V. Sommer et P. L. Vasey (éd.), *Homosexual Behaviour in Animals. An Evolutionary Perspective*, *op. cit.*, p. 294-316.

T. Furuichi, « Social interactions and the life history of female *Pan paniscus* in Wamba, Zaire », in *International Journal of Primatology*, 10 (3), 1989, p. 173-197.

A. B. Gorzitze, « Birth-related behaviors in wild proboscis monkeys *(Nasalis larvatus)* », *Primates*, 37 (1), 1996, p. 75-78.

J. P. Hanby et C. E. Brown, « The development of socio-sexual behaviours in Japanese macaques *Macaca fuscata* », in *Behaviour*, 49 (1), 1974, p. 152-195.

B. J. Hatchwell, « Intraspecific variation in extra-pair copulation and mate defence in common guillemots *Uria aalge* », in *Behaviour*, 107 (3), 1988, p. 157-185.

D. Heg et R. van Treuren, « Female-female cooperation in polygynous oystercatchers », in *Nature*, 391, 1998.

M. W. Ho et P. T. Saunders, « Beyond neo-Darwinism – an epigenetic approach to evolution », in *Journal of Theoretical Biology*, 78 (4), 1979, p. 573-591.

J. L. Hoskins, M. G. Ritchie et N. W. Bailey, « A test of genetic models for the evolutionary maintenance of same-sex sexual behavior », in *Proceedings of the Royal Society of London, Series B: Biological Sciences*, 282 (1809), 2015.

T. Kano, « Social behavior of wild pygmy chimpanzees *(Pan paniscus)* of Wamba : A preliminary report », in *Journal of Human Evolution*, 9 (4), 1980.

K. Kitamura, « Genito-genital contacts in the pygmy chimpanzee *(Pan paniscus)* », in *African Study Monographs*, 10, 1989, p. 49-67.

D. G. Kleiman et D. S. Mack, « A peak in sexual activity during mid-pregnancy in the golden lion tamarin, *Leontopithecus rosalia* (Primates : *Callitrichidae*) », in *Journal of Mammalogy*, 58 (4), 1977, p. 657-660.

J. E. Lovelock, *La terre est un être vivant. L'hypothèse Gaïa*, traduction de P. Couturiau et Ch. Rollinat, Paris, Flammarion, 1993.

B. R. MacRoberts et M. H. MacRoberts, « Social organization and behavior of the acorn woodpecker in central coastal California », in *Ornithological Monographs*, 21, 1976, p. 111-115.

J. Mann, « Establishing trust : socio-sexual behaviour and the development of male-male bonds among Indian Ocean bottlenose dolphins », in V. Sommer et P. L. Vasey (éd.), *Homosexual Behaviour in Animals. An Evolutionary Perspective*, *op. cit.*, p. 107-130.

O. Miramontes et O. DeSouza, « Individual basis for collective behaviour in the termite, *Cornitermes cumulans* », in *Journal of Insect Science*, 8 (1), 2008, p. 22.

J. P. Myers, « Making sense of sexual nonsense », in *Audubon*, 91, 1989, p. 40-45.

T. Oi, « Non-copulatory mounting of wild pig-tailed macaques *(Macaca nemestrina nemestrina)* in West Sumatra, Indonesia », in A. Ehara, T. Kimura, O. Takenaka et M. Iwamoto (éd.), *Primatology Today*, Amsterdam, Elsevier, 1991, p. 147-150.

N. W. Owen, « The development of sociosexual behavior in free-living baboons, *Papio Anubis* », in *Behaviour*, 57, 1976, p. 241-259.

G. A. Parker et R. G. Pearson, « A possible origin and adaptive significance of the mounting behaviour shown by some female mammals in oestrus », in *Journal of Natural History*, 10 (3), 1976, p. 241-245.

T. W. Quinn, J. C. Davies, F. Cooke et B. N. White, « Genetic analysis of offspring of a female-female pair in the lesser snow goose *(Chen c. caerulescens)* », in *The Auk*, 1989, p. 177-184.

T. Robert, « Parental investment and sexual selection », in Bernard G. Campbell (éd.), *Sexual Selection and the Descent of Man*, New York, Aldine de Gruyter, 1972, p. 136-179.

N. A. Rose, C. J. Deutsch et B. J. Le Boeuf, « Sexual behavior of male northern elephant seals : III. The mounting of weaned pups », in *Behaviour*, 119 (3), 1991, p. 171-192.

J. Roughgarden, *Le Gène généreux. Pour un darwinisme coopératif*, traduction de Th. Hoquet, Paris, Le Seuil, 2012.

—, *Evolution's rainbow. Diversity, Gender, and Sexuality in Nature and People*, Berkeley, Los Angeles et Londres, University of California Press, 2013.

T. E. Rowell, R. A. Hinde et Y. Spencer-Booth, « "Aunt"-infant interaction in captive rhesus monkeys », in *Animal Behaviour*, 12 (2), 1964, p. 219-226.

I. Scharf et O. Y. Martin, « Same-sex sexual behavior in insects and arachnids : prevalence, causes, and consequences », in *Behavioral Ecology and Sociobiology*, 67 (11), 2013, p. 1719-1730.

G. Shohat-Ophir, K. R. Kaun, R. Azanchi, H. Mohammed et U. Heberlein, « Sexual deprivation increases ethanol intake in Drosophila », in *Science*, 335 (6074), 2012, p. 1351-1355.

V. Sommer, P. Schauer et D. Kyriazis, « A wild mixture of motivations : same-sex mounting in Indian langur monkeys », in V. Sommer et P. L. Vasey (éd.), *Homosexual Behaviour in Animals. An Evolutionary Perspective*, *op. cit.*, p. 238-272.

E. Søvik, C. J. Perry et A. B. Barron, « Chapter Six-Insect Reward Systems : Comparing Flies and Bees », in *Advances in Insect Physiology*, 48, 2015, p. 189-226.

D. Tilman et J. A. Downing, « Biodiversity and Stability in Grasslands », in *Ecosystem Management. Selected Readings*, 367, 1996, p. 363-365.

N. Tinbergen, « On aims and methods of ethology », in *Zeitschrift für Tierpsychologie*, 20, 1963, p. 410-433.

G. N. Tuck, T. Polacheck, J. P. Croxall et H. Weimerskirch, « Modelling the impact of fishery by-catches on albatross populations », in *Journal of Applied Ecology*, 38 (6), 2001, p. 1182-1196.

P. L. Vasey, « Homosexual behavior in primates : A review of evidence and theory », in *International Journal of Primatology*, 16 (2), 1995, p. 173-204.

—, « The pursuit of pleasure : Homosexual behaviour, sexual reward and evolutionary history in Japanese macaques », in V. Sommer et P. L. Vasey (éd.), *Homosexual Behaviour in Animals. An Evolutionary Perspective*, *op. cit.*, p. 191-219.

H. Vervaecke et C. Roden, « Going with the herd : same-sex interaction and competition in American bison », in V. Sommer et P. L. Vasey (éd.), *Homosexual Behaviour in Animals. An Evolutionary Perspective*, *op. cit.*, p. 131-153.

J. M. Watanabe et B. B. Smuts, « Explaining Religion without Explaining It Away : Trust, Truth, and the Evolution of Cooperation in Roy A. Rappaport's "The Obvious Aspects of Ritual" », in *American Anthropologist*, 101 (1), 1999, p. 98-112.

W. Wickler, « Socio-sexual Signals and their Intra-specific Imitation among Primates », in D. Morris (éd.), *Primate Ethology*, Chicago, Aldine, 1967, p. 69-79.

E. O. Wilson, *Sociobiology*, Cambridge (MA) et Londres, Harvard University Press, 2000.

—, *On Human Nature*, Cambridge (MA) et Londres, Harvard University Press, 2012.

P. R. White, R. F. Chapman et A. Ascoli-Christensen, « Interactions between two neurons in contact *chemosensilla* of the grasshopper, *Schistocerca Americana* », in *Journal of Comparative Physiology A : Neuroethology, Sensory, Neural, and Behavioral Physiology*, 167 (3), 1990, p. 431-436.

L. C. Young et E. A. VanderWerf, « Adaptive value of same-sex pairing in Laysan albatross », in *Proceedings of the Royal*

Society of London, Series B : Biological Sciences, 281 (1775), 2014.

L. C. Young, B. J. Zaun et E. A. VanderWerf, « Successful same-sex pairing in Laysan albatross », in *Biology Letters*, 4 (4), 2008, p. 323-325.

III. Séduire, caresser, câliner, s'accoupler

J. S. Akers et C. H. Conaway, « Female homosexual behavior in *Macaca mulatta* », in *Archives of Sexual Behavior*, 8 (1), 1979, p. 63-80.

B. Bagemihl, *Biological Exuberance. Animal Homosexuality and Natural Diversity*, New York, St. Martin's Press, 1999.

R. C. Best et V. M. da Silva, « Amazon river dolphin, boto *Inia geoffrensis* (de Blainville, 1817) », in *Handbook of Marine Mammals*, 4, 1989, p. 1-23.

O. M. Buchanan, « Homosexual behavior in wild orange-fronted parakeets », in *Condor*, 1966, p. 399-400.

J. J. Burns, J. J. Montague et C. J. Cowles (éd.), *The Bowhead Whale*, Society for Marine Mammalogy, Special Publication n° 2, Lawrence, Allen Press, 1993.

M. C. Caldwell, D. K. Caldwell et R. L. Brill, « *Inia geoffrensis* in captivity in the United States », in *Biology and Conservation of the River Dolphins*, 1989, p. 35-41.

S. Chevalier-Skolnikoff, « Homosexual behavior in a laboratory group of stumptail monkeys *(Macaca arctoides)* : Forms, contexts, and possible social functions », in *Archives of Sexual Behavior*, 5 (6), 1976, p. 511-527.

A. Cordero-Rivera, « Behavioral Diversity (Ethodiversity) : A Neglected Level in the Study of Biodiversity », in *Frontiers in Ecology and Evolution*, 5 (7), 2017.

D. Crews, « Courtship in unisexual lizards : a model for brain evolution », in *Scientific American*, 1987.

—, « Evolution of neuroendocrine mechanisms that regulate sexual behavior », in *Trends in Endocrinology and Metabolism*, 16 (8), 2005, p. 354-361.

J. D. Darling, « Gray whales off Vancouver Island, British Columbia », in M. L. Jones, S. L. Swartz et S. Leatherwood (éd.), *The Gray Whale. Eschrichtius robustus*, Orlando et Londres, Academic Press, 1984, p. 267-287.

D. S. Hartman, « Ecology and behavior of the manatee *(Trichechus manatus)* in Florida », in *The American Society of Mammalogists*, Numéro spécial, 5, 1979.

K. S. Norris et T. P. Dohl, *The Behavior of the Hawaiian Spinner Dolphin, Stenella Longirostris*, La Jolla (CA), National Marine Fisheries Service, Southwest Fisheries Center, 1985, p. 1-213.

M. M. Pavelka, *Monkeys of the Mesquite. The Social Life of the South Texas Snow Monkey*, Dubuque, Kendall Hunt Publishing Company, 1993.

E. G. F. Sauer, « Aberrant sexual behavior in the South African ostrich », in *The Auk*, 89, 1972, p. 717-737.

P. L. Vasey et H. Jiskoot, « The biogeography and evolution of female homosexual behavior in Japanese macaques », in *Archives of Sexual Behavior*, 39 (6), 2010, p. 1439-1441.

P. L. Vasey, J. B. Leca, N. Gunst et D. P. VanderLaan, « Female homosexual behavior and inter-sexual mate competition in Japanese macaques : Possible implications for sexual selection theory », in *Neuroscience and Biobehavioral Reviews*, 46, 2014, p. 573-578.

IV. Vies de couple et parentalité

B. Bagemihl, *Biological Exuberance. Animal Homosexuality and Natural Diversity*, New York, St. Martin's Press, 1999.

L. W. Braithwaite, « The Black Swan », in *Australian Natural History*, 16, 1970, p. 375-379.

—, « Ecological studies of the black swan III. Behaviour and social organization », in *Australian Wildlife Research*, 8 (1), 1981, p. 135-146.

G. Coulson, « Repertoires of social behaviour in captive and free-ranging grey kangaroos, *Macropus giganteus* and *Macropus fuliginosus (Marsupialia : Macropodidae)* », in *Journal of Zoology*, 242 (1), p. 119-130.

F. C. Craighead et J. J. Craighead, « Grizzly bear prehibernation and denning activities as determined by radiotracking », in *Wildlife Monographs*, 32, 1972, p. 3-35.

D. Heg et R. van Treuren, « Female-female cooperation in polygynous oystercatchers », in *Nature*, 391, 1998.

R. Huber et M. Martys, « Male-male pairs in greylag geese *(Anser anser)* », in *Journal of Ornithology*, 134 (2), 1993, p. 155-164.

K. Lorenz et S. Kalas, *The Year of the Greylag Goose*, Londres, Eyre Methuen, 1979, p. 5.

K. Lorenz, M. Martys et A. Tipler, *Here Am I – Where Are You ? The Behavior of the Greylag Goose*, New York, Harcourt Brace Jovanovich, 1991.

G. F. Makkink, *Contribution to the knowledge of the behaviour of the oyster-catcher (Haematopus ostralegus L.)*, Leyde, Brill, 1942.

J. Mann, « Establishing trust : socio-sexual behaviour and the development of male-male bonds among Indian Ocean bottlenose dolphins », in V. Sommer et P. L. Vasey (éd.), *Homosexual Behaviour in Animals. An Evolutionary Perspective*, Cambridge, Cambridge University Press, 2006, p. 107-130.

D. D. C. Mattos, R. Screnci-Ribeiro, L. D. Cardoso et M. V. V. Junior, « Couple formation and spawning between two female Discus Fish *(Symphysodon aequifasciatus-Cichlidae)* in captivity », in *Acta Amazonica*, 47 (2), 2017, p. 167-170.

D. Nethersole-Thompson et M. Nethersole-Thompson, *Waders. Their Breeding, Haunts and Watchers*, Londres, A&C Black, 2010.

V. Animaux transgenres et transsexuels

J. Berger, « Instances of female-like behaviour in a male ungulate », in *Animal Behaviour*, 33 (1), 1985, p. 333-335.

P. M. Buston et M. B. García, « An extraordinary life span estimate for the clown anemonefish *Amphiprion percula* », in *Journal of Fish Biology*, 70 (6), 2007, p. 1710-1719.

D. G. Fautin et G. R. Allen, « Life history of anemonefishes », in *Anemone Fishes and their Host Sea Anemones*, chap. 4, Perth, Western Australian Museum, 1992.

V. Geist, *Mountain Sheep and Man in the Northern Wilds*, Caldwell, Cornell University Press, 1975.

P. L. Munday, M. J. Caley et G. P. Jones, « Bi-directional sex change in a coral-dwelling goby », in *Behavioral Ecology and Sociobiology*, 43 (6), 1998, p. 371-377.

D. K. Niven, « Male-male nesting behavior in Hooded Warblers », in *The Wilson Bulletin*, 105 (1), 1993, p. 190-193.

Conclusion. La nature et la morale

J. Boswell, *Christianisme, tolérance sociale et homosexualité. Les homosexuels en Europe occidentale des débuts de l'ère chrétienne au XIVe siècle*, traduction de A. Tachet, Paris, Gallimard, 1986.

A. Gide, *Corydon*, Paris, Gallimard, 2012.

Lucien de Samosate, *Œuvres complètes*, t. I, traduction, introduction et notes de Eugène Talbot, Paris, Hachette, 1866, p. 536-564.

Platon, *Lois*, texte établi et traduit par Auguste Diès, Paris, Les Belles Lettres, « Collection des Universités de France », 1976.

J. D. Weinrich, « Is Homosexuality Biologically Natural ? », in W. Paul, J. D. Weinrich, J. C. Gonsiorek et M. E. Hotvedt (éd.), *Homosexuality. Social, Psychological, and Biological Issues*, Beverly Hills (CA), SAGE Publications, 1982, p. 197-208.

Table

Du même auteur

Miscellanées des animaux. Tout sur les animaux et un peu plus encore, Paris, Éditions Buchet/Chastel, 2017.

Vélos, avec Karine Maincent, Paris, Kilowatt Éditions, 2017.

Yōkai ! Le monde étrange des monstres japonais, avec Sandrine Thommen, Arles, Actes Sud Junior, 2017.

Chapeau les champignons. Mycologie, avec Émilie Vanvolsem, Nice, Éditions du Ricochet, 2016.

La vie amoureuse des animaux, avec Nathalie Desforges, Arles, Actes Sud Junior, 2016.

Les Enquêtes de Musa & Rico, avec Émilie Vanvolsem, Cholet, Éditions Pourpenser, 2016.

Les P'tites Planètes. Astronomie, avec Chiara Dattola, Nice, Éditions du Ricochet, 2016.

Sam et les oiseaux du monde, avec Marie de Monti, Saint-Cloud, Akela Éditions, 2016.

Elle court la rivière, avec Hélène Georges, Arles, Actes Sud Junior, 2015.

Les plantes ont-elles un sexe ? Histoire d'une découverte, Paris, Éditions Ulmer, 2015.

Pas bêtes les bêtes ! L'intelligence animale, avec Émilie Vanvolsem, Nice, Éditions du Ricochet, 2015.

Les Oiseaux globe-trotters, avec Sandrine Thommen, Arles, Actes Sud Junior, 2014.

Bird attitude. Le comportement des oiseaux en 7 nouvelles illustrées d'aquarelles, de poèmes et de calligraphies, avec Laurent Willenegger et Vincent Delfosse, Pontarlier, Éditions de la Salamandre et Toulouse, Éditions Plume de carotte, 2012.

Dans la même collection

Brigitte Senut (avec Michel Devillers),
Et le singe se mit debout, 2008.

Sylvie Vauclair, *La Terre, l'espace et au-delà*, 2009.

Patrick Blandin, *Biodiversité. L'avenir du vivant*, 2010.

Martin Bojowald, *L'Univers en rebond. Avant le big-bang*, 2011.

Karl von Frisch, *Vie et mœurs des abeilles* [1955], 2011.

Patrick De Wever, *Temps de la Terre, temps de l'homme*, 2012.

Pierre Papon, *Bref récit du futur.*
Prospective 2050, science et société, 2012.

François Gervais, *L'innocence du carbone.*
L'effet de serre remis en question, 2013.

Jean-Pierre Sylvestre, *Si le chant des baleines s'éteignait.*
Menaces sur les mammifères marins, 2014.

Patrick De Wever et Bruno David,
La biodiversité de crise en crise, 2015.

Jean-Pierre Henry, *La Mécanique du vivant.*
De la cellule à la pensée, 2016.

Impression : CPI Bussière en janvier 2018
Éditions Albin Michel
22, rue Huyghens, 75014 Paris
www.albin-michel.fr
ISBN : 978-2-226-32420-7
ISSN : 0298-2447
N° d'édition : 22430/01 – N° d'impression : 2032947
Dépôt légal : février 2018
Imprimé en France

avril 2018